T0255818

Mathsoft Engineering & Education, Inc.

Mathcad 12
Benutzerhandbuch

 Springer

Mathsoft Engineering & Education, Inc.

USA und Kanada
101 Main Street
Cambridge, MA 02142

Telefon: 617-444-8000
FAX: 617-444-8001
http://www.mathsoft.com/

Alle anderen Länder
Knightway House
Park Street
Bagshot, Surrey

GU19 5AQ
Großbritannien

Telefon: +44 (0) 1276 450850
FAX: +44 (0)1276 475552

ISBN 3-540-22921-3 Springer Berlin Heidelberg New York

Springer ist ein Unternehmen der Springer Science+Business Media

springer.de

© Springer-Verlag Berlin Heidelberg 2005

Herstellung: LE-TEX Jelonek, Schmidt & Vöckler GbR, Leipzig
Satz: Mathsoft Engineering & Education, Inc.

Gedruckt auf säurefreiem Papier   40/3142YL - 5 4 3 2 1 0

Inhalt

Kapitel 1
Willkommen bei Mathcad

- ◆ Was ist Mathcad?
- ◆ Neuerungen in der Mathcad-Version 12
- ◆ Systemanforderungen
- ◆ Installation
- ◆ Technischer Kundendienst

Was ist Mathcad?

Mathcad ist die Industriestandard-Rechensoftware für Techniker und Ingenieure, Fachlehrer und Studenten weltweit. Mathcad ist so vielseitig und leistungsstark wie eine Programmiersprache, jedoch so leicht zu erlernen wie ein Tabellenkalkulationsprogramm. Außerdem ist es vollständig vernetzt, sodass Sie die Vorzüge des Internets und die Vorteile von anderen Anwendungen, mit denen Sie täglich arbeiten, voll nutzen können.

Mit Mathcad können Sie Gleichungen genau so eingeben, wie diese auf einer Tafel oder in einem Nachschlagewerk aufgeführt sind. Sie müssen keine schwierigen Syntaxregeln erlernen. Sie

$$x := \frac{-b + \sqrt{b^2 - 4 \cdot a \cdot c}}{2 \cdot a}$$

geben einfach die Gleichungen ein und augenblicklich werden die Ergebnisse angezeigt.

Sie können mit Mathcad-Gleichungen fast jedes mathematische Problem lösen, das Sie sich vorstellen können – symbolisch oder numerisch. Sie können an jeder beliebigen Stelle auf dem Arbeitsblatt ergänzenden Text einfügen, um Ihre Arbeit zu dokumentieren. Sie können zwei- und dreidimensionale Mathcad-Diagramme hinzufügen. Sie können Ihre Arbeit sogar mit Grafiken aus anderen Anwendungen ergänzen. Außerdem unterstützt Mathcad den Microsoft-Standard OLE 2 (Object Linking and Embedding) für die Zusammenarbeit mit anderen Programmen. Damit werden Ziehen und Ablegen sowie die Aktivierung in Fremdanwendungen sowohl auf dem Client als auch auf dem Server möglich.

Mit Mathcad können Sie leicht Einheitensysteme kombinieren oder konvertieren, wobei Einheitenfehler durch Überprüfung des Arbeitsblattes auf einheitliche Dimensionen festgestellt werden. Sie können mit Ihrem bevorzugten Einheitensystem arbeiten, oder für einen bestimmten Gleichungssatz zu einem anderen System wechseln.

Mathcad bietet über das Menü **Hilfe** online *Lernprogramme; QuickSheets* zu Rechenbeispielen von Mathcad-Funktionen auch in Interaktion mit anderen Anwendungen sowie *Referenztabellen* mit mathematischen, wissenschaftlichen und technischen Formeln. Online finden Sie im Menü **Hilfe** auch die *Author's Reference* (Autorenreferenz) und *Developer's Reference* (Entwicklerreferenz) für weitergehende Fragen.

Mathcad vereinfacht und optimiert die Dokumentation, was für die Veröffentlichung und Erfüllung von Geschäfts- und Qualitätssicherungsstandards wesentlich ist. Durch die Kombination von Gleichungen, Text und Grafiken auf einem einzigen Arbeitsblatt können Sie in Mathcad selbst äußerst komplexe Berechnungen jederzeit nachvollziehen. Indem Sie die Arbeitsblätter im XML-Format speichern, können die Informationen in anderen textbasierten Systemen oder für die Suche und Dokumentation in Arbeitsblättern verwendet werden, ohne diese in Mathcad öffnen zu müssen.

Neuerungen in der Mathcad-Version 12

Mathcad 12 verfügt über eine Reihe von Verbesserungen und zusätzlichen Funktionen zur Erhöhung Ihrer Produktivität und Förderung der Kreativität. Ausführliche Informationen und Beispiele finden Sie im Menü **Hilfe** unter *Neue Funktionen* und *Lernprogramme.*

Neue Funktionen

- **2D-Diagrammverbesserungen**: Sie können eine zweite Y-Achse hinzufügen, Legenden an 5 verschiedenen Stellen einfügen und die Farbe von Markierungen und Gitterlinien ändern. Mit den mathematischen Textschriftarten können Legenden und Grafikbeschriftungen formatiert werden.

- **XML-Datenformate, gespeicherte Ergebnisse und benutzerdefinierte Standardeinheiten**: Es stehen zwei neue Optionen unter **Speichern als** zur Verfügung: XMCD (ein XML-Format für Texte) und XMCDZ (komprimiertes XML-Format). XML ist ein Textformat mit dem Dateien außerhalb von Mathcad durchsucht, analysiert und veröffentlicht werden können. Die in den Mathcad-Dateien enthaltenen Informationen stehen über das XML-Format zum Datenaustausch auf einem Host für Anwendungen und Serviceleistungen zur Verfügung. Das komprimierte Datenformat ist für die Reduzierung von Dateien mit vielen Bildern geeignet. Mit beiden Formaten können die Standardeinheiten in Einheiten Ihrer Wahl geändert werden.

- **Metadaten und Herkunft**: Metadaten können Mathcad-Dokumenten auf der Ebene von Dokumenten, Bereichen und einzelnen Zahlen hinzugefügt werden. Die Herkunft bzw. Quellverfolgung wird den mathematischen Ausdrücken automatisch beim Kopieren oder Einfügen in neue Arbeitsblätter hinzugefügt. Mathematische Ausdrücke können zur Rückverfolgung und Verwaltung von Inhalten an beliebiger Stelle mit Kommentaren und Anmerkungen ergänzt werden.

- **Web-Steuerelemente**: Steuerelemente wie Listenfelder, Textfelder und Optionsfelder können für Kalkulationen in Mathcad verwendet werden. Web-Steuerelemente unterscheiden sich von Mathsoft-Steuerelementen insofern, als dass kein Skript erforderlich ist und deren ausgewählter Status beim Schließen und erneuten Öffnen erhalten bleibt.

- **Menü- und Schnittstellenänderungen**: Zusätzliche Menü- und Dialogoptionen stehen zur Verfügung und helfen beim Hinzufügen und Anzeigen von Metadaten und Anmerkungen. Indexeinträge von Dateien in ein E-Book können jetzt direkt in

Mathcad ausgeführt werden. Es sind keine gesonderten Befehlszeilenoptionen mehr erforderlich. Wenn Sie durch Klicken der rechten Maustaste Zeilen löschen, wird von Mathcad angezeigt, wie viele Zeilen gelöscht werden können. Die mit Mathcad 11.1 eingeführten Warnungen bei Neudefinitionen zeigen an, wenn vordefinierte Variablen, Einheiten oder benutzerdefinierte Variablen neu definiert werden. Sie können selber festlegen, welche Neudefinitionen im Dialogfeld **Einstellungen** angezeigt werden.

- **Überarbeitete Hilfsfunktionen**: Das Hilfsmenü wurde neu strukturiert und mit neuen Überschriften und Indexvermerken versehen, sodass weiterführende Informationen leichter zu finden sind. Informationen zu Funktionen und Operatoren die zuvor in der *Bedienungsanleitung* aufgeführt waren, sind nun im Hilfsmenü zu finden. Das Hilfsmenü wird nun in einem einzigen Fenster geöffnet und die *Lernprogramme* sowie *QuickSheets* werden zusätzlich gemeinsam bei der Informationssuche verwendet.

Eingabe und Ausgabe von Daten

- **Der Assistent für die Eingabe von Daten und das Lesen von Dateien (READFILE)**: Der Assistent für die Eingabe von Daten ist eine neue Komponente, die sehr flexible Importoptionen und Dateitypen sowie eine Dateivorschau zur leichteren Auswahl der richtigen Einstellungen bietet. Für die weitere Verwendung in Programmen und globalen Definitionen von Variablen setzt die Funktion READFILE Informationen teilweise flexibel in Befehlszeilen um.

- **Keine Zahl (NAN=not a number)**: NAN oder Keine Zahl hat die Aufgabe Punkte von Daten darzustellen, die zuvor aufgrund eines Bediener- oder Gerätefehlers noch nicht oder mit nicht physikalischen Werten aufgezeichnet wurden.

Mathematische Verbesserungen

- **Neuer Rechenkern und Statische Einheitenprüfung**: Das neue Rechenmodul von Mathcad beschleunigt die Berechnungszeit vor allem für besonders große Matrizen und Programme mit mehreren verschachtelten Schleifen. Außerdem baut Mathcad 12 auf der neuen Microsoft .NET-Plattform auf. Die verbesserte Geschwindigkeit von Mathcad 12 ist auch auf die neue statische Einheitenprüfung zurückzuführen. Mathcad gleicht Einheiten ab und spürt Einheitenfehler auf, bevor die Berechnungen im Arbeitsblatt ausgeführt werden und nicht 'on the fly' direkt bei jeder Berechnung.

- **Erweiterungen Einheiten**: Die Einheitensysteme von Mathcad sind einheitlich für das gesamte System aufeinander abgestimmt. Neue Einheiten und vereinfachte Regeln wurden hinzugefügt. Neue Einheiten in US-, SI-, und MKS-Systemen beinhalten kgf (kip), Angstrom, ksi, mil, GPM, micron, kN, a_0, MPa, bar, μ_0, ε_0, fortnight, furlong und Katal. Neue CGS-Einheiten beinhalten Maxwell, Gauss, Barn, und barye. Sie können die Einheiten für jede zurückgegebene berechnete Menge im XML-Format anpassen. Weitere Informationen finden Sie unter **Einfügen > Einheiten** oder zu Einheitenverbesserungen unter *Neue Funktionen* in *Lernprogramme*.

- **Ein- und zweidimensionale Korrelationen**: Korrelationsfunktionen für die Übereinstimmung von Signalen und Vorlagen (Prototypen) wurden ergänzt.

- **Erweiterungen und Verbesserungen von Funktionen**: Neue Funktionen: Logspace and logpts zum Generieren von Vektoren mit logarithmisch-skalierten Punkten, Zeit, and skalierten Airy-Funktionen. Aktualisierte Funktionen: genanp, until, Sringfunktionen, Determinanten-Operator und Abbruchfunktionen. Die angezeigte und interne Genauigkeit liegt jetzt bei 17 Ziffern.

- **Namespace-Operator**: Mit dem Namespace-Operator können Sie genau angeben, welchen Variablen- oder Funktionsnamen Sie meinen. Mit Namespace können Sie vordefinierte Mathcad-Funktionen sowie die Einheiten neu definierter Funktionen und Variablen näher beschreiben.

Programmierung

- **Verbesserungen der Automatisierungsschnittstelle**: Die Automatisierungsschnittstelle kann jetzt mit neuen Methoden und Eigenschaften auf mehr Objekte in einem Arbeitsblatt zugreifen. Automatisierungsbefehle können über externe Anwendungen oder intern über skriptfähige Objekte aufgerufen werden. Weitere Informationen zu Automatisierungsmethoden entnehmen Sie bitte online der *Developer's Reference* (Entwicklerreferenz) im Menü **Hilfe**.

Systemanforderungen

Um Mathcad 12 installieren und benutzen zu können, wird Folgendes empfohlen oder vorausgesetzt:

- PC mit 300 MHz oder Prozessor mit höherer Taktrate (400 MHz oder höher empfohlen).

- Windows 2000, XP, oder höher.

- Mindestens 128 MB RAM (256 MB oder mehr empfohlen).

- Grafikkarte und Monitor, die eine Farbtiefe von 16-bit oder mehr unterstützen sowie eine Bildschirmauflösung von 800x600 oder höher.

- Mindestens 100 MB freier Festplattenspeicher.

- Internet Explorer ab Version 5.5 ist für eine vollständige Nutzung des Hilfesystems, für den Zugriff auf den HTML-Inhalt im Ressourcenfenster sowie zum Öffnen und Speichern von Web-basierten Dateien und für die automatische Produktaktivierung erforderlich. IE 6 kann von CD aus installiert werden. Der Internet Explorer muss dabei nicht als Standard-Browser festgelegt sein.

- Für Mathcad 12 ist Microsoft .NET 1.1 Framework® (oder höher) erforderlich und wird, falls noch nicht vorhanden, von der CD installiert.

- CD-ROM-Laufwerk oder DVD-Laufwerk.

- Tastatur und Maus oder kompatibles Zeigegerät.

Direkte Internetverbindung oder Internetzugang über einen Provider wird empfohlen.

Installation

Die Anweisungen in diesem Abschnitt gelten für alle Versionen von Mathcad 12. Netzwerkanwender sollten sich mit Ihrem Netzwerkadministrator über eine Netzwerkinstallation und Lizenzinformationen absprechen.

So installieren Sie Mathcad:

1. Legen Sie die Mathcad-CD in das CD-ROM-Laufwerk ein. Sollte das Installationsprogramm nicht automatisch gestartet werden, können Sie es über das Startmenü unter **Ausführen** mit der Eingabe **D:\SETUP** starten (sofern „D:" Ihr CD-ROM-Laufwerk ist).

2. Klicken Sie auf die Schaltfläche von Mathcad 12 auf der Hauptinstallationsseite.

3. Geben Sie auf die entsprechende Aufforderung hin den Produkt-Code ein, der sich auf der Rückseite der CD-Hülle befindet.

4. Befolgen Sie die Anweisungen auf dem Bildschirm.

Um andere Elemente, wie z.B. den Internet Explorer oder Acrobat Reader, von der Mathcad-CD zu installieren, klicken Sie auf die entsprechende Software auf der Hauptinstallationsseite.

Aktivierung der Installation

Die Aktivierung gilt für Einzelbenutzer von Mathcad-Kopien. Nach der erfolgreichen Installation von Mathcad werden Sie aufgefordert, Ihre Installation zu aktivieren. Wenn Sie sich dafür entscheiden, startet Mathcad die Aktivierung der installierten Kopie. Mit diesem Vorgang wird sichergestellt, dass Sie eine gültige, lizenzierte Programmkopie von Mathcad gekauft haben. Wenn Sie über eine aktive Internetverbindung verfügen, kann die Aktivierung *automatisch* erfolgen. Wenn Sie auf Ihrem Computer über einen Internetzugang verfügen, aber keine Internetverbindung aktiv ist, sollten Sie eine Verbindung herstellen, bevor Sie die Aktivierung vornehmen.

Wenn Sie sich dafür entscheiden, Mathcad *manuell* zu aktivieren, müssen Sie die folgenden Informationen an Mathsoft Engineering and Education, Inc. weitergeben. Verwenden Sie hierzu das in der Datei **contact.txt** enthaltene Formular, das Sie über den Aktivierungsassistenten aufrufen können:

- Ihre E-Mail-Adresse.
- Das zu aktivierende Produkt (in diesem Fall Mathcad 12).
- Ihre Lizenz-Nummer*.
- Ihren Produkt-Code.
- Ihren Anforderungs-Code*.

Mit einem „*" gekennzeichnete Einträge stehen nur im Aktivierungsassistenten zur Verfügung. Die während der Aktivierung übergebenen Informationen dienen nur zur Verarbeitung Ihrer Anforderung. Sie werden weder gespeichert, noch zu anderen Zwecken verwendet.

Füllen Sie Ihr Exemplar der Datei **contact.txt** aus, und leiten Sie die Informationen an Mathsoft weiter. Benutzer in den USA und Kanada haben hierzu die folgenden Möglichkeiten:

- Faxen Sie eine Kopie der Datei **contact.txt** an die folgende Nummer: **1-617-444-8001**.

- Senden Sie eine Kopie der Datei **contact.txt** per E-Mail an **activation@mathsoft.com**.

- Rufen Sie unter **1-800-827-1263** an und geben Sie entsprechend den Aufforderungen die Informationen der Datei **contact.txt** durch.

Wenn Sie Mathcad nicht in den USA oder Kanada gekauft haben, erfragen Sie den Aktivierungscode bei Ihrem örtlichen autorisierten Mathcad-Distributor. Kontaktinformationen über Mathcad-Distributoren finden Sie unter:

http://www.mathsoft.co.uk/howtocon/DistributorListing.html

Wenn Sie keinen Internetzugang haben, können Sie Mathsoft International wie folgt erreichen, um die benötigten Informationen zu erhalten:

- E-Mail: activation@Mathsoft.co.uk

- Fax: +44 (0)1276 475552

- Telefon: +44 (0)1276 450850

Sobald Sie Ihren Aktivierungsschlüssel erhalten haben, rufen Sie wieder den Aktivierungsassistenten auf und versuchen Sie, die Installation manuell zu aktivieren. Klicken Sie auf **Weiter**, bis die Seite **Aktivierungsschlüssel eingeben** angezeigt wird, wo Sie Ihren Aktivierungsschlüssel eingeben können. Sobald das Programm den Aktivierungsschlüssel akzeptiert hat, ist die Installation von Mathcad aktiviert und betriebsbereit.

Fragen zur Aktivierung

Mathsoft hat die Aktivierung implementiert, um sicherzustellen, dass Sie eine gültige, lizenzierte Programmkopie von Mathcad gekauft haben.

Bei der Aktivierung werden keine weiteren persönlichen Daten übertragen, die sich auf Ihrem Computer befinden. Die Mathsoft-Produktaktivierung erfolgt vollkommen anonym und dient nur zur Authentifizierung Ihrer Lizenz.

Die Aktivierung ermöglicht Ihnen die Installation von Mathcad auf Ihrem Arbeitscomputer sowie auf Ihrem Heimcomputer oder Laptop, wenn diese betrieblich genutzt werden. Wenn Sie die Hardware Ihres Computer aufrüsten, ist es in der Regel nicht erforderlich, die Aktivierung zu wiederholen. Sie können Mathcad auf demselben Rechner wiederholt installieren, ohne dass hierzu eine zusätzliche Aktivierung erforderlich ist.

Hinweis Bei der Aktivierung wird ein Ordner namens **C_DILLA** auf Laufwerk C Ihres Computers installiert. Er enthält Ihre Lizenz für die Verwendung von Mathcad. Wenn Sie den Ordner **C_DILLA** löschen, müssen Sie sich ggf. an Mathsoft wenden, um die Aktivierung wieder herzustellen.

Wenn Sie wesentliche Änderungen an der Hardware Ihres Computers vorgenommen haben, müssen Sie sich unter Umständen erneut an Mathsoft wenden, um die Aktivierung zu wiederholen.

Technischer Kundendienst

Ab dem ersten aufgezeichneten Kontakt mit dem technischen Kundendienst von Mathsoft können Sie über 30 Tage kostenfrei technische Unterstützung für Einzelanwender von Mathcad 12 in Anspruch nehmen. Sie müssen registriert sein, um technische Unterstützung zu erhalten. Weitere Informationen hinsichtlich unserer Richtlinien zum Kundendienst sowie unserer durchsuchbaren Knowledge Base erhalten Sie in unserem Kundenbereich unter www.mathcad.com.

USA und Kanada

- Web: http://support.mathsoft.com
- E-Mail: support@mathsoft.com
- Automatische Lösungsvorschläge: 617-444-8102
- Fax: 617-444-8101

International

Haben Sie Ihren Wohnsitz außerhalb der USA und Kanadas, erhalten Sie technische Unterstützung bei dem für Sie zuständigen Mathcad-Distributor. Die entsprechenden Kontaktinformationen finden Sie unter:
http://www.mathcad.com/buy/International_Contacts.asp.

Wenn Sie keinen Internetzugang haben, können Sie MathSoft International direkt um Unterstützung bitten unter:

- E-Mail: help@Mathsoft.com
- Fax: +44 (0)1276 475552
- Telefon: +44 (0)1276 450850

Standortlizenzen

Informationen zur technischen Unterstützung für Standortlizenzen erhalten Sie über Mathsoft oder den für Sie zuständigen lokalen Mathcad-Distributor.

Kapitel 2
Erste Schritte in Mathcad

- ◆ Der Mathcad-Arbeitsbereich
- ◆ Bereiche
- ◆ Einfache Berechnung
- ◆ Definitionen und Variablen
- ◆ Diagramme
- ◆ Speichern, Drucken und Beenden

Der Mathcad-Arbeitsbereich

Beim Starten von Mathcad sehen Sie ein Fenster wie in Abbildung 2-1 dargestellt. Standardmäßig wird der Arbeitsblatt-Bereich weiß angezeigt.

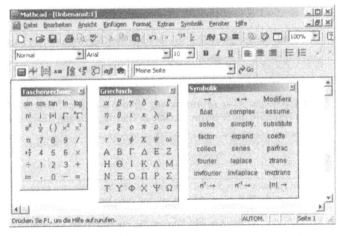

Abbildung 2-1: Mathcad mit verschiedenen Symbolleisten.

Jede Schaltfläche der in der folgenden Tabelle dargestellten Symbolleiste „Rechnen" öffnet eine weitere Symbolleiste mit Operatoren und Symbolen. Mithilfe dieser Schaltflächen können viele Operatoren, griechische Buchstaben und Diagramme eingefügt werden.

Schaltfläche	„Rechnen" (Symbolleiste)
	Taschenrechner: Arithmetische Operatoren
	Diagramm: Zwei- und dreidimensionale Diagrammtypen und -hilfsmittel
	Matrix: Matrix- und Vektoroperatoren
	Auswertung: Gleichheitszeichen für Auswertung und Definition
	Differential/Integral: Ableitungen, Integrale, Grenzwerte sowie iterierte Summen und Produkte
	Boolesche Operatoren: Komparative und logische Operatoren für Boolesche Ausdrücke.
	Programmierung: Programmierkonstrukte
	Griechisch: Griechische Buchstaben
	Symbolik: Symbolische Schlüsselwörter

Die Symbolleiste „Standard" bietet schnellen Zugriff auf viele Menübefehle.

Auf der Symbolleiste „Formatierung" finden Sie Listenfelder und Schaltflächen, mit deren Hilfe Sie die Schriftmerkmale in Gleichungen und Text festlegen können.

Tipp Um die Funktion einer Schaltfläche auf einer der Symbolleisten anzuzeigen, bewegen Sie den Mauszeiger darüber, bis eine QuickInfo mit einer kurzen Beschreibung erscheint.

Mithilfe des Menüs **Ansicht** können Sie die einzelnen Symbolleisten ein- bzw. ausblenden. Sie können eine Symbolleiste frei im Fenster bewegen, indem Sie den Cursor auf eine beliebige Stelle außerhalb einer Schaltfläche oder einem Textfelds setzen. Drücken Sie dann die Maustaste, halten Sie sie gedrückt, und ziehen Sie den Mauszeiger.

Tipp Die Standard-, Formatierungs- und Rechensymbolleiste können angepasst werden. Wenn Sie Schaltflächen hinzufügen oder entfernen möchten, klicken Sie mit der rechten Maustaste auf die Symbolleiste, und wählen Sie **Anpassen** im Kontextmenü.

Arbeiten mit Arbeitsblättern

Beim Starten von Mathcad wird ein Mathcad-*Arbeitsblatt* geöffnet. Sie können so viele Arbeitsblätter öffnen, wie Ihre Systemressourcen es zulassen.

Wenn Sie mit einem längeren Arbeitsblatt arbeiten, verwenden Sie den Befehl **Gehe zu Seite** im Menü **Bearbeiten**, um schnell zu einer bestimmten Stelle im Arbeitsblatt zu gelangen.

Bereiche

In Mathcad können Sie an jeder beliebigen Position des Arbeitsblatts Gleichungen, Text und Diagramme eingeben. Jede Gleichung, jeder Text und jedes andere Element stellt einen *Bereich* dar. Ein Mathcad-Arbeitsblatt setzt sich aus mehreren solcher Bereiche zusammen. So erstellen Sie einen neuen Bereich:

1. Klicken Sie im Arbeitsblatt auf eine beliebige, leere Stelle. Sie sehen ein kleines Fadenkreuz. Alle Ihre Eingaben erscheinen an diesem Fadenkreuz.

2. Wenn ein mathematischer Bereich erstellt werden soll, beginnen Sie Ihre Eingabe einfach an der Position des Fadenkreuzes. Mathcad interpretiert Ihre Eingaben automatisch als mathematische Ausdrücke. Ein Beispiel dafür sehen Sie unter „Einfache Berechnung" weiter unten.

3. Um einen Textbereich zu erstellen, wählen Sie die Option **Textbereich** im Menü **Einfügen** bzw. drücken einfach auf ["], bevor Sie mit der Eingabe beginnen. Eine detaillierte Beschreibung ist in Kapitel 6, „Arbeiten mit Text" enthalten.

Tipp Wenn Sie einen Textbereich mit einem Rahmen versehen möchten, markieren Sie den Bereich, klicken Sie mit der rechten Maustaste darauf, und wählen Sie im Kontextmenü **Eigenschaften**. Klicken Sie auf die Registerkarte **Anzeige**, und markieren Sie das Kontrollkästchen neben **Rahmen anzeigen**.

Einfache Berechnung

Mathcad kann nicht nur für komplizierte mathematische Berechnungen eingesetzt werden, sondern auch als einfacher Rechner gute Dienste leisten. So führen Sie Ihre erste Berechnung aus:

1. Klicken Sie in das Arbeitsblatt. Sie sehen ein kleines Fadenkreuz.

2. Geben Sie **15-8/104.5=** ein. Wenn Sie das Gleichheitszeichen eingeben oder in der Symbolleiste „Taschenrechner" auf ▣ klicken, berechnet Mathcad das Ergebnis.

$$15 - \frac{8}{104.5} = 14.923$$

Diese Berechnung demonstriert die Arbeitsweise von Mathcad:

*   Mathcad passt die Größe von Bruchstrichen, Klammern und anderen Symbolen an, um die Gleichungen so anzuzeigen, wie sie in einem Buch dargestellt würden.

- Mathcad weiß, welche Operation als erste ausgeführt werden soll. Es weiß, dass die Division vor der Subtraktion stattfinden soll, und zeigt die Gleichung entsprechend an.

- Sobald Sie das Gleichheitszeichen eingeben, zeigt Mathcad das Ergebnis an. Mathcad verarbeitet jede Gleichung noch während der Eingabe.

- Wenn Sie einen Operator eingeben (in diesem Fall - und /), zeigt Mathcad ein kleines Rechteck an, einen so genannten *Platzhalter*. Platzhalter stehen für noch nicht geschriebene Zahlen oder Ausdrücke. Wenn Sie auf das Ende einer Gleichung klicken, sehen Sie einen Platzhalter für Einheiten und das Umwandeln von Einheiten.

Sobald eine Gleichung im Bildschirm eingegeben ist, bearbeiten Sie sie, indem Sie darauf klicken und neue Buchstaben, Ziffern oder Operatoren eingeben. Viele Operatoren und griechische Buchstaben können Sie mithilfe der Symbolleisten „Rechnen" eingeben. Das Bearbeiten von Mathcad-Gleichungen ist in Kapitel 4, „Arbeiten mit mathematischen Ausdrücken" detailliert beschrieben.

Definitionen und Variablen

Sie werden die Leistungsfähigkeit und Flexibilität von Mathcad schnell erkennen, wenn Sie *Variablen* und *Funktionen* nutzen. Durch die Definition von Variablen und Funktionen können Sie Gleichungen verknüpfen und Zwischenergebnisse in weiteren Berechnungen wiederverwenden.

Definieren von Variablen

Gehen Sie wie folgt vor, um eine Variable zu definieren:

1. Geben Sie den Variablennamen ein.

2. Geben Sie einen Doppelpunkt (:) ein, oder klicken Sie in der Symbolleiste „Taschenrechner" auf ▦, um das Definitionssymbol einzufügen.

3. Geben Sie den Wert ein, der der Variablen zugewiesen werden soll. Der Wert kann eine einfache Zahl oder eine komplexere Kombination aus Zahlen und bereits definierten Variablen sein.

Falls Ihnen ein Fehler unterläuft, klicken Sie auf die Gleichung, und drücken Sie dann die [**Leertaste**], bis sich der gesamte Ausdruck zwischen den zwei Bearbeitungslinien befindet. Dann löschen Sie den Ausdruck mithilfe der Option **Ausschneiden** im Menü **Bearbeiten** ([**Strg**]**X**). Sie können auch die Mathcad-Befehle **Rückgängig** ([**Strg**]**Z**) und **Wiederholen** ([**Strg**]**Y**) im Menü **Bearbeiten** nutzen, um durch die Gleichung zu navigieren.

Mathcad-Arbeitsblätter werden von oben nach unten und von links nach rechts gelesen. Nachdem Sie eine Variable wie *t* definiert haben, können Sie sie an jeder Stelle *unterhalb und rechts* von der Definition weiterverwenden.

Geben Sie jetzt eine weitere Definition ein:

1. Drücken Sie die [**Eingabetaste**]. Das Fadenkreuz wird unter die erste Definition gesetzt.

$t := 10$

2. Um die Beschleunigung *bes* als –9.8, zu definieren, geben Sie Folgendes ein: **bes:-9.8.**

$bes := -9.8$

$+$

Berechnen von Ergebnissen

Nachdem die Variablen *bes* und *t* definiert sind, können Sie sie in anderen Ausdrücken weiterverwenden:

1. Klicken Sie unter die zwei Definitionen.

$t := 10$

2. Geben Sie **bes/2[Leertaste]*t^2** ein. Das Caret-Symbol (^) steht für die Potenzierung, der Stern (*) für die Multiplikation und der Schrägstrich (/) für die Division.

$bes := -9.8$

3. Geben Sie das Gleichheitszeichen [**=**] ein.

$\dfrac{bes}{2} \cdot t^2 = -490$

Diese Anweisung berechnet die Distanz, die ein fallender Körper in der Zeit *t* mit der Beschleunigung *bes* zurücklegt. Sobald Sie das Gleichheitszeichen [**=**] eingeben, zeigt Mathcad das Ergebnis an.

Mathcad aktualisiert Ergebnisse, falls Sie Änderungen vornehmen. Wenn Sie beispielsweise in Ihrem Bildschirm auf 10 klicken und stattdessen eine andere Zahl eingeben, berücksichtigt Mathcad das im Ergebnis, sobald Sie die [**Eingabetaste**] drücken oder an eine beliebige Stelle außerhalb der Gleichung klicken.

Definieren von Funktionen

So fügen Sie Ihrem Arbeitsblatt eine Funktionsdefinition hinzu:

1. Definieren Sie zunächst die Funktion *d(t)*, indem Sie **d(t)** eingeben:

$d(t) := \blacksquare$

2. Vervollständigen Sie die Definition mit folgendem Ausdruck: **1600+bes/ 2[Leertaste]*t^2[Eingabetaste]**

$d(t) := 1600 + \dfrac{bes}{2} \cdot t^2$

Hiermit haben Sie eine Funktion definiert. Der Funktionsname ist *d*, das Argument der Funktion ist *t*.

Mit dieser Funktion berechnen Sie den obigen Ausdruck für verschiedene Werte von *t*. Dazu ersetzen Sie *t* einfach durch die entsprechende Zahl, z. B. wie folgt:

Um die Funktion mit einem bestimmten Wert zu berechnen, beispielsweise 3,5, geben Sie **d(3.5)** = ein. Mathcad zeigt das richtige Ergebnis wie dargestellt an.

$d(3.5) = 1.54 \times 10^3$

Formatieren von Ergebnissen

Alle Zahlen, die Mathcad berechnet und anzeigt, können formatiert werden.

Beispielsweise ist das Ergebnis im obigen Beispiel in Exponentialschreibweise dargestellt. So stellen Sie das Ergebnis in einer anderen Schreibweise dar:

1. Klicken Sie auf das Ergebnis.

2. Wählen Sie im Menü **Format** den Befehl **Ergebnis,** um das Dialogfeld **Ergebnisformat** zu öffnen. Die Einstellungen in diesem Dialogfeld bestimmen, wie Ergebnisse dargestellt werden (Anzahl der Dezimalstellen, Verwendung der Exponentialschreibweise, Anzahl der nachfolgenden Nullen usw.).

3. Das Standard-Formatschema ist *Allgemein*; die *Exponentialschwelle* hat den Wert 3. Nur Zahlen größer oder gleich 10^3 werden in Exponentialschreibweise dargestellt. Setzen Sie die Exponentialschwelle mithilfe der im Textfeld bereitgestellten Pfeile auf den Wert 6.

4. Wenn Sie auf **OK** klicken, wird die Zahl entsprechend dem neuen Ergebnisformat dargestellt. (siehe „Formatieren von Ergebnissen" auf Seite 102).

$$d(3.5) = 1539.975$$

Hinweis   Die Ergebnisformatierung wirkt sich nur auf die Anzeige des Ergebnisses aus. Mathcad verwendet intern die vollständige Genauigkeit (bis zu 17 Ziffern).

Diagramme

Mathcad bietet eine große Auswahl zweidimensionaler X-Y- und Kreisdiagramme sowie dreidimensionaler Umriss-, Streuungs- und Flächendiagramme. In diesem Abschnitt erfahren Sie, wie Sie ein einfaches zweidimensionales Diagramm erstellen, das die im vorherigen Abschnitt berechneten Punkte anzeigt.

Erstellen einfacher Diagramme

So erstellen Sie ein X-Y-Diagramm:

1. Klicken Sie in das Arbeitsblatt.

2. Wählen Sie **Diagramm > X-Y-Diagramm** im Menü **Einfügen**, bzw. klicken Sie in der Symbolleiste „Diagramm" auf 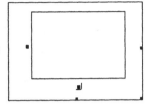. Alternativ dazu können Sie auch **@** eingeben. Mathcad fügt ein leeres X-Y-Diagramm ein.

3. Geben Sie in den *x*-Achsen-Platzhalter (Mitte unten) und den *y*-Achsen-Platzhalter (Mitte links) eine Funktion, einen Ausdruck oder eine Variable ein.

4. Klicken Sie außerhalb des Diagramms oder drücken Sie die [**Eingabetaste**].

Mathcad wählt die Achsenbegrenzungen automatisch aus. Wenn Sie die Achsenbegrenzungen selbst bestimmen möchten, klicken Sie in das Diagramm, und überschreiben Sie die Zahlen in den Platzhaltern am Ende der Achsen.

Mathcad erstellt das Diagramm über einen Standardbereich unter Verwendung der Standardbegrenzungen. Detaillierte Informationen über Diagramme finden Sie in Kapitel 11, „2D-Diagramme".

Formatieren von Diagrammen

Ein Diagramm, das Sie erstmals erstellen, hat folgende *Standard*-Eigenschaften: nummerierte lineare Achsen, keine Gitterlinien und mit durchgehenden Linien verbundene Punkte. Durch das *Formatieren* des Diagramms können diese Eigenschaften geändert werden. So formatieren Sie das oben erstellte Diagramm:

1. Doppelklicken Sie auf das Diagramm, um das Dialogfeld **Formatierung** zu öffnen. Mehr über diese Einstellungen erfahren Sie in Kapitel 11, „2D-Diagramme".

2. Klicken Sie auf die Registerkarte **Spuren**.

3. Klicken Sie unter der Überschrift **Legendenname** auf den Listeneintrag **Spur 1**. Mathcad zeigt die aktuellen Einstellungen für Spur 1 in den Feldern unterhalb des Listenfelds an.

4. Klicken Sie auf den Pfeil unterhalb der Spalte **Format**. Daraufhin wird eine Dropdown-Liste mit Spurtypen angezeigt. Wählen Sie den Eintrag **Säule**.

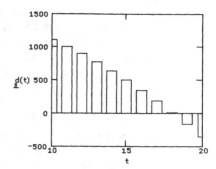

5. Mathcad zeigt das Diagramm jetzt als Säulendiagramm an, statt die Punkte mit Linien zu verbinden. Beachten Sie, dass die Beispiellinie unter der Angabe $d(t)$ jetzt auch eine Säule anzeigt.

6. Klicken Sie außerhalb des Diagramms, um die Markierung aufzuheben.

Speichern, Drucken und Beenden

Wenn Sie ein Arbeitsblatt erstellt haben, sollten Sie es speichern oder drucken.

Speichern eines Arbeitsblatts

So speichern Sie ein Arbeitsblatt:

1. Wählen Sie im Menü **Datei** den Befehl **Speichern** [**Strg**]S. Wenn die Datei noch nie gespeichert wurde, wird das Dialogfeld **Speichern unter...** angezeigt.

2. Geben Sie den Namen der Datei in das bereitgestellte Textfeld ein. Um sie in einem anderen Ordner abzulegen, wählen Sie diesen im Dialogfeld **Speichern unter...** aus.

Mathcad speichert Dateien standardmäßig in einem systemeigenen Format ab – Mathcad-(MCD), Mathcad-XML (XMCD) oder komprimiertes Mathcad-XML (XMCDZ). Sie können Dateien aber auch in anderen Formaten speichern - HTML, RTF für Microsoft Word, MCT oder XMCT als Vorlagen für zukünftige Mathcad-Arbeitsblätter bzw. in den Mathcad-Versionen 2001, 2001i oder 11. Wenn Sie eine Datei im HTML-Format speichern möchten, wählen Sie im Menü **Datei** die Option **Als Web-Seite speichern**.

Drucken

Wählen Sie zum Drucken einer Datei im Menü **Datei** die Option **Drucken,** oder klicken Sie in der Standard-Symbolleiste auf 🖨. Wählen Sie zum Anzeigen einer Druckvorschau im Menü **Datei** die Option **Druckvorschau**, oder klicken Sie in der Standard-Symbolleiste auf 🔍.

Beenden von Mathcad

Wählen Sie im Menü **Datei** den Befehl **Beenden**, um Mathcad zu beenden. Wenn Sie Symbolleisten verschoben haben, merkt sich Mathcad deren Position und zeigt sie beim nächsten Programmaufruf genau dort wieder an.

Kapitel 3
Online-Ressourcen

♦ Mathcad-Ressourcen

♦ Benutzerforen

♦ Weitere Ressourcen

Mathcad-Ressourcen

Hilfsmenü-Ressourcen

* Die **Lernprogramme** enthalten die beiden Menüpunkte *Erste Schritte in Mathcad* und *Ausführliche Informationen zu den Funktionen*.

* **QuickSheets** sind aktive Beispiele, die Sie bearbeiten können, um mit den Mathcad-Funktionen, Diagrammen und Programmierfunktionen vertraut zu werden.

* Zu den **Referenztabellen** gehören physikalische Konstantentabellen, chemische und physikalische Daten sowie mathematische Formeln.

* Die **Mathcad-Hilfe** bietet Hilfe für alle Programmfunktionen und mathematischen Funktionen in Mathcad mit Verknüpfungen zu aktiven Mathcad-Beispielen.

* Die **Author's Reference** (Autorenreferenz) umfasst die Erstellung von E-Books in Mathcad und den Export von Mathcad-Dateien im RTF-Format nach Microsoft Word sowie HTML- und XML-Formate für die Verteilung an Zielgruppen, die kein Mathcad nutzen.

* Die **Developer's Reference** (Entwicklerreferenz) beschreibt die Verwendung und Entwicklung von eigenen Mathsoft Skriptobjekt-Komponenten, Mathsoft-Steuerelementen und der Datenakquisitionskomponente. Des weiteren wird der erfahrene Benutzer durch das Objektmodell von Mathcad geführt, das den Zugriff auf Mathcad-Funktionen von anderen Anwendungen aus oder OLE-Containern erlaubt. Hier erfahren Sie auch, wie Sie Ihre eigenen Funktionen in Mathcad in Form von DLLs erstellen.

Ressourcenfenster und E-Books

Wenn Sie am besten über Beispiele lernen und Informationen am liebsten gleich in Mathcad-Arbeitsblättern anwenden, oder von Mathcad Zugang zu einer beliebigen Seite im Internet wünschen, öffnen Sie die Symbolleiste „Ressourcen" oder die Einträge *Lernprogramme, QuickSheets*, oder *Referenztabellen* im Menü **Hilfe**. Das Ressourcenfenster und Mathcad-E-Books sind selbstständige Fenster mit eigenen Menüs und Symbolleisten, wie in Abbildung 3-1 dargestellt.

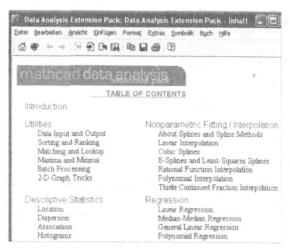

Abbildung 3-1: E-Book-Fenster und Symbolleiste.

Hinweis In der Web-Bibliothek stehen mehrere Mathcad-E-Books and -Artikel für Sie unter **http://www.mathcad.com** zum Herunterladen und Verwenden zur Verfügung. Darüber hinaus sind mehrere Mathcad-E-Books im Mathsoft-Webstore unter **http://www.webstore.mathsoft.com** oder über Ihren Distributor oder Software-Händler vor Ort erhältlich. Installieren Sie E-Books in einem Handbuchordner in dem Verzeichnis, in dem Sie auch Mathcad installiert haben. Wenn Sie Mathcad neu starten, werden diese unter E-Books im Hilfsmenü aufgeführt, oder Sie können nach nicht aufgeführten E-Books suchen (HBK). Wenn Sie eigene E-Books erstellen, müssen sie gegebenenfalls einen Handbuchordner erstellen.

Suchen von Informationen in einem E-Book

Wie in anderen Hypertextsystemen bewegt man sich in einem Mathcad-E-Book durch Klicken auf Symbole oder unterstrichenen Text. Sie können auch die Schaltflächen der Symbolleiste oben im E-Book und im Ressourcenfenster zum Navigieren im E-Book verwenden.

Schaltfläche	Aufgabe
	Verbindet mit der Homepage oder Begrüßungsseite für das E-Book.
	Öffnet eine Symbolleiste, in die eine Internetadresse eingegeben werden kann.
	Kehrt zum letzten aufgerufenen Dokument zurück oder umgekehrt.
	Springt zum vorherigen oder nächsten Thema oder Abschnitt.
	Zeigt eine Liste der zuletzt angezeigten Dokumente an.
	Durchsucht das E-Book.

Schaltfläche	Aufgabe
	Kopiert markierte Bereiche.
	Speichert den aktuellen Abschnitt des E-Books.
	Druckt den aktuellen Abschnitt des E-Books.
	Zeigt Hilfe zu den aktuellen Funktionen, Dialogfeldern oder Befehlen an.

Suche in einem E-Book

Neben der Verwendung von Hyperlinks, die in E-Books zu ganz bestimmten Themen führen, können Sie auch nach ganzen Themen oder Sätzen suchen. Gehen Sie dazu wie folgt vor:

1. Klicken Sie auf [image], um das Dialogfeld **Suchen** zu öffnen.

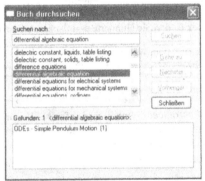

2. Geben Sie ein Wort oder einen Satz in das Textfeld **Suchen nach** ein. Wählen Sie ein Wort oder einen Satz aus und klicken Sie auf **Suchen**. Daraufhin wird eine Themenliste für den Suchbegriff sowie die Anzahl des Auftretens in jedem Thema angezeigt.

3. Wählen Sie ein Thema aus, und klicken Sie auf **Gehe zu**. Mathcad öffnet den Abschnitt, der diesen Eintrag enthält. Klicken Sie auf **Nächster** oder **Vorheriger**, um weitere Beispiele mit dem Eintrag einzusehen.

Einfügen von Anmerkungen in ein E-Book

Ein Mathcad-E-Book besteht aus komplett interaktiven Mathcad-Arbeitsblättern. Sie können alle mathematischen Bereiche in einem E-Book beliebig bearbeiten, um die Auswirkungen eines geänderten Parameters oder einer geänderten Gleichung zu sehen. Sie können auch Text, Berechnungen oder Grafiken als *Anmerkungen* in beliebige Abschnitte des E-Books eingeben.

Speichern von Anmerkungen

Änderungen, die Sie in einem E-Book vornehmen, bleiben nicht bestehen. Wenn Sie das E-Book schließen, gehen die Änderungen verloren. Sie können aber auch alle

Änderungen speichern, wenn Sie die Option **Buchanmerkung** im Menü **Buch** aktivieren. Sie sollten die Änderungen nur im aktuellen Abschnitt speichern, oder die ursprüngliche E-Book-Datei wieder herstellen.

Kopieren von Angaben aus einem E-Book

Es gibt zwei Möglichkeiten zum Kopieren von Informationen aus einem E-Book in Ihr Mathcad-Arbeitsblatt:

- Sie können Text oder Gleichungen markieren, kopieren und in das Arbeitsblatt einfügen.
- Sie können ganze Bereiche aus dem E-Book-Fenster heraus auf Ihr Arbeitsblatt ziehen. Markieren Sie die Bereiche, klicken Sie einen Bereich an und halten Sie die Maustaste gedrückt, während Sie die Gruppe in das Arbeitsblatt ziehen. Dort lassen Sie dann die Maustaste los.

Web-Browsing

Sie können mit dem Ressourcenfenster auch das Internet durchsuchen und Webseiten, sowie ins Internet gestellte Mathcad-Arbeitsblätter und E-Books öffnen. In der Mathcad Web-Bibliothek finden Sie Hunderte praktischer Arbeitsblätter und E-Books.

Hinweis   Wenn sich das Ressourcenfenster im Web-Modus befindet, verwendet Mathcad ein OLE-Steuerelement zum Web-Browsing, das vom Microsoft Internet Explorer bereitgestellt wird.

So zeigen Sie Webseiten vom Ressourcenfenster aus an:

1. Klicken Sie in der Ressourcen-Symbolleiste auf ![icon]. Wie unten abgebildet, wird eine weitere Symbolleiste mit einem Dialogfeld für Adressen unterhalb der Ressourcen-Symbolleiste eingeblendet:

2. Geben Sie in das Feld **Adresse** eine URL für ein Dokument im World Wide Web ein. Um z. B. die Mathsoft Web-Bibliothek aufzusuchen, geben Sie **http://www.mathcad.com/library/** ein und drücken die [**Eingabetaste**]. Wenn Sie keine unterstützte Version des Microsoft Internet Explorers installiert haben, rufen Sie stattdessen Ihren Standard-Web-Browser auf.

Die weiteren Schaltflächen in der Web-Symbolleiste haben die folgende Bedeutung:

Schaltfläche	Aufgabe
	Untermenü zum Hinzufügen von Lesezeichen der aktuellen Seite, zum Bearbeiten von Lesezeichen oder Öffnen einer mit Lesezeichen versehenen Seite.
	Die aktuelle Seite wird neu geladen.
	Die aktuelle Dateiübertragung wird unterbrochen.

Hinweis   Wenn Sie sich im Web-Modus befinden und mit der rechten Maustaste auf das Ressourcenfenster klicken, zeigt Mathcad ein Popup-Menü mit Befehlen für die Anzeige von Webseiten an. Viele der Schaltflächen in der Ressourcen-Symbolleiste bleiben aktiv, während Sie sich im Web-Modus befinden. Sie können also Informationen, die Sie im Web gefunden haben, ganz einfach kopieren, speichern und drucken oder zu zuvor besuchten Seiten zurückkehren. Wenn Sie auf [🏠] klicken, kehren Sie zur Homepage des Ressourcenfensters oder E-Books zurück.

Hilfe

Mathcad bietet in einem umfassenden Online-Hilfesystem Hilfe zu den verschiedenen Produktfunktionen an. Um die Online-Hilfe von Mathcad anzuzeigen, wählen Sie

Mathcad-Hilfe im Menü **Hilfe** und klicken auf [?] in der Standard-Symbolleiste, oder Sie drücken die Taste [**F1**]. Um die Hilfe auszuführen, ist eine Version vom Internet Explorer 5.5 oder höher erforderlich. Der Explorer muss jedoch nicht Ihr Standard-Browser sein.

Um Informationen zu Mathcad-Menübefehlen zu erhalten, bewegen Sie die Maus über dem Befehl, und die Informationen werden in der Statusleiste unten im Fenster angezeigt. Um Informationen zu Schaltflächen der Symbolleiste zu erhalten, halten Sie den Zeiger kurz über eine Schaltfläche, sodass eine Quickinfo angezeigt wird.

Es stehen noch weitere Informationen zu Menübefehlen, Symbolleisten, vordefinierten Funktionen und Fehlermeldungen zur Verfügung. Gehen Sie dazu wie folgt vor:

1. Klicken Sie auf eine Fehlermeldung, eine vordefinierte Funktion bzw. Variable oder auf einen Operator.

2. Drücken Sie [**F1**], um den entsprechenden Hilfebildschirm anzuzeigen.

So erhalten Sie Hilfe zu Menübefehlen, Benutzeroberflächen oder den Schaltflächen der Symbolleiste:

1. Drücken Sie die Tasten [**Umschalt**][**F1**]. Mathcad stellt den Zeiger als Fragezeichen dar.

2. Wählen Sie im Menü einen Befehl aus. Mathcad öffnet den entsprechenden Hilfebildschirm.

3. Klicken Sie auf eine Schaltfläche der Symbolleiste. Mathcad zeigt den Namen des Operators sowie die zugehörige Tastenkombination in der Statusleiste an.

Um mit dem Bearbeiten fortzufahren, drücken Sie [Esc]. Der Zeiger wird wieder als Pfeil angezeigt.

Benutzerforen

Über die Mathcad-Benutzerforen können Sie Mathcad- oder andere Dateien hinzufügen und Nachrichten senden, sowie Dateien herunterladen und Mitteilungen lesen, die von anderen Mathcad-Benutzern geschrieben wurden. Sie können die Benutzerforen auch auf Schlüsselwörter oder Wortfolgen enthaltende Nachrichten durchsuchen, über für Sie interessante Nachrichten informiert werden und sich z. B. nur ungelesene Nachrichten anzeigen lassen. Sie werden feststellen, dass die Benutzerforen einige der besten Möglichkeiten von Online-Newsgroups mit dem zusätzlichen Vorteil gemeinsam genutzter Mathcad-Arbeitsblätter verbinden.

Anmeldung

Zum Öffnen eines Benutzerforums wählen Sie **Benutzerforen** im Menü **Hilfe**, oder Sie öffnen einen Internet-Browser und rufen die Benutzerforen direkt auf:

http://collab.mathsoft.com/~mathcad2000/

Daraufhin wird das Anmeldefenster für die Benutzerforen geöffnet.

Wenn Sie diesen Bildschirm zum ersten Mal aufrufen, klicken Sie auf **New User** (Neuer Benutzer). Ein Formular zum Eingeben erforderlicher und optionaler Einträge wird eingeblendet.

Hinweis Mathsoft verwendet Ihre Daten ausschließlich für die Teilnahme an den Benutzerforen.

Wenn Sie das Formular ausgefüllt haben, klicken Sie auf **Create** (Erstellen). Ihr Anmeldename und Kennwort werden Ihnen dann per E-Mail zugeschickt. Kehren Sie zurück zu den Benutzerforen, und geben Sie Ihren in der E-Mail mitgeteilten Anmeldenamen und Ihr Kennwort ein. Anschließend klicken Sie auf **Log In** (Anmelden), um die Hauptseite der Benutzerforen aufzurufen. (siehe Abbildung 3-2).

Auf der linken Bildschirmseite wird eine Auflistung der Foren und Nachrichten angezeigt.

Tipp Nach der Anmeldung können Sie Ihr Kennwort ändern. Klicken Sie dazu in der Symbolleiste oben im Fenster auf **More** (Weitere) und dann auf **Edit User Profile** (Benutzerprofil bearbeiten).

Hinweis Mathsoft unterhält die Benutzerforen als kostenlosen Service, der allen Mathcad-Benutzern zur Verfügung steht. Lesen Sie unbedingt die Nutzungsbedingungen, die wichtige Informationen und Haftungsausschlussklauseln enthalten. Zugang zu den Nutzungsbedingungen finden Sie am oberen Seitenrand der Benutzerforen.

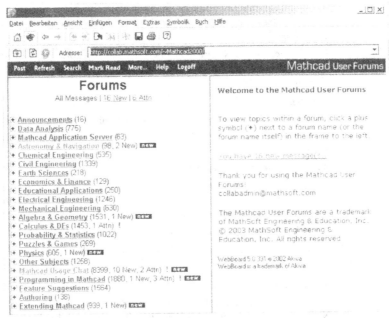

Abbildung 3-2: Öffnen der Benutzerforen mit dem Ressourcenfenster.

Kontakt zu anderen Mathcad-Benutzern

Lesen von Nachrichten

Sobald Sie sich bei den Benutzerforen angemeldet haben, erfahren Sie, wie viele neue Nachrichten vorliegen und wie viele davon an Sie gerichtet sind. Noch nicht gelesene Nachrichten werden in Kursivschrift angezeigt. Möglicherweise wird auch das Symbol für „Neu" neben den neuen Nachrichten angezeigt.

Senden von Nachrichten

Nachdem Sie sich bei den Benutzerforen angemeldet haben, können Sie Nachrichten senden oder auf vorhandene Nachrichten antworten. Gehen Sie dazu wie folgt vor:

1. Klicken Sie zum Versenden einer neuen Nachricht in der Symbolliste auf **Post** (Versenden). Klicken Sie zum Antworten auf eine Nachricht oben in der Nachricht rechts im Fenster auf die Option **Reply** (Antworten).

2. Klicken Sie auf die Felder unter dem Titel, um eine Nachricht in der Druckvorschau anzuzeigen, die Rechtschreibprüfung durchzuführen oder eine Datei anzuhängen.

3. Geben Sie Ihren Text in das Nachrichtenfeld ein.

4. Klicken Sie auf **Post** (Versenden), wenn Sie den Text eingegeben haben. Je nach den gewählten Optionen wird die Nachricht sofort an die Benutzerforen versendet oder eine Vorschau der Nachricht angezeigt.

5. Wenn Sie eine Datei angehängt haben, wird eine neue Seite angezeigt. Geben Sie den Dateityp an, suchen Sie die Datei und klicken Sie auf **Upload Now** (Datei anfügen).

Um eine versendete Nachricht zu löschen, müssen Sie diese durch Klicken öffnen und in der kleinen Symbolleiste über der Nachricht im rechten Fensterbereich auf **Delete** (Löschen) klicken.

Suchen

Sie können hiermit Nachrichten suchen, die bestimmte Begriffe oder Wendungen enthalten, die an einem bestimmten Datum oder von bestimmten Benutzern erstellt wurden.

Ändern Ihrer Benutzerdaten

Möglicherweise möchten Sie Ihren Anmeldenamen und Ihr Passwort ändern oder Ihre E-Mail-Adresse nicht anzeigen lassen. So aktualisieren Sie diese Daten oder ändern die Standardeinstellungen der Benutzerforen:

1. Klicken Sie in der oberen Symbolleiste auf **More** (Weitere).
2. Wählen Sie dann **Edit Your Profile** (Profil bearbeiten) und geben Sie die geänderten Daten ein.

Weitere Funktionen

Wählen Sie in der Symbolleiste **More** (Weitere), um ein Adressbuch zu erstellen, Nachrichten als gelesen zu kennzeichnen, bestimmte Nachrichten anzuzeigen oder automatische E-Mail-Benachrichtigungen anzufordern, wenn bestimmte Foren neue Nachrichten enthalten.

Weitere Ressourcen

Web-Bibliothek

Die Mathcad-Web-Bibliothek erreichen Sie unter **http://www.mathcad.com/library**. Dort finden Sie Dokumente, die von anderen Benutzern erstellt wurden, sowie E-Books, gedruckte Bücher, Grafiken und Animationen, die in Mathcad erstellt wurden. Die Bibliothek ist in mehrere Abschnitte gegliedert: Elektronische Bücher, Mathcad-Dateien, gedruckte Bücher, eine Galerie und Rätsel. Dateien werden in Anwendungsdateien (Nutzung zu Berufszwecken), Bildungsdateien, Grafiken und Animationen unterteilt. Sie können in jedem Abschnitt eine Auflistung nach Berufszweig wählen oder Dateien nach Schlüsselwort bzw. Titel suchen.

Wenn Sie Dateien zur Bibliothek hinzufügen möchten, senden Sie eine E-Mail-Nachricht an *author@mathsoft.com*.

Versionshinweise

Versionshinweise stehen über das Ressourcenfenster zur Verfügung. Sie enthalten aktuelle Informationen über Mathcad, Updates zur Dokumentation und Anweisungen zur Fehlerbehebung.

Technischer Kundendienst

Die Knowledge Base des Technischen Kundendienstes enthält Rubriken für häufig gestellte Fragen, Beispieldateien und Informationen zum Kundendienst. Diese finden Sie im Web unter **http://support.mathsoft.com**. Diese Seite enthält Verknüpfungen zu älteren Ausgaben des *Mathcad Advisor Newsletters*, in dem Sie nützliche Mathcad-Tipps finden.

Downloads von Mathcad.com

Registrierte Benutzer können Updates, Mathcad-Module und weitere nützliche Tools von folgender Seite herunterladen: **http://www.mathcad.com/download/**.

Kapitel 4
Arbeiten mit mathematischen Ausdrücken

♦ Einfügen von Rechenbereichen

♦ Erstellen von Ausdrücken

♦ Bearbeiten von Ausdrücken

♦ Rechenformatvorlagen

Einfügen von Rechenbereichen

Sie können mathematische Ausdrücke an beliebiger Stelle in ein Mathcad-Arbeitsblatt einfügen.

1. Klicken Sie auf die Stelle, an die Sie das Fadenkreuz platzieren möchten.
2. Geben Sie Zahlen, Buchstaben und mathematische Operatoren ein, oder fügen Sie sie mithilfe der Schaltflächen in der Symbolleiste „Rechnen" ein, und erstellen Sie so einen *Rechenbereich*.

$$15 - \frac{8}{104.5} = 14.923$$

Mathcad interpretiert Ihre Eingaben am Fadenkreuz automatisch als mathematische Ausdrücke. Informationen zum Erstellen eines *Textbereiches* finden Sie in Kapitel 6, „Arbeiten mit Text".

Sie können außerdem mathematische Ausdrücke anstelle jedes angezeigten Rechenbereich-*Platzhalters* eingeben.

Zahlen und komplexe Zahlen

Eine einzelne Zahl wird in Mathcad als *Skalar* bezeichnet. Informationen über das Eingeben von Zahlengruppen in *Feldern* finden Sie unter „Einfügen eines Operators" auf Seite 28.

Zahlenarten

Mathcad interpretiert alles, was mit einer Ziffer beginnt, als Zahl. Als generelle Regel gilt, dass Zahlen durch einfaches Drücken der entsprechenden Tasten auf der Tastatur eingegeben werden können. Dabei ist darauf zu achten, dass in Mathcad bei Dezimalbrüchen stets ein Punkt anstelle des im deutschen Sprachraum üblichen Kommas verwendet wird.

Hinweis Beim Eingeben von Zahlen größer als 999 dürfen keine Trennungspunkte, Kommas oder Leerzeichen zwischen den einzelnen Hundertern, Tausendern usw. verwendet werden. Geben Sie einfach eine Ziffer nach der anderen ein. Zehntausend geben Sie beispielsweise als **10000** ein.

Imaginäre und komplexe Zahlen

Um eine imaginäre Zahl einzugeben, hängen Sie an die Zahl ein *i* oder *j* an, z.B. **1i** oder **2.5j**.

Hinweis   Es ist nicht möglich, *i* oder *j* ohne Zahlen zu verwenden, um so die imaginäre Einheit darzustellen. Sie müssen immer **1i** oder **1j** eingeben, andernfalls interpretiert Mathcad Ihre Eingabe als eine Variable mit dem Namen *i* oder *j*. Befindet sich der Cursor außerhalb einer Gleichung, die 1*i* oder 1*j* enthält, blendet Mathcad die 1 jedoch aus.

Mathcad stellt imaginäre Zahlen normalerweise mit einem angehängten *i* dar. Wenn Sie möchten, dass Mathcad die imaginären Zahlen mit *j* anzeigt, wählen Sie im Menü **Format** den Eintrag **Ergebnis** , klicken die Registerkarte **Optionen anzeigen** an und setzen **Imaginärer Wert** auf *j(J)*. Eine detaillierte Beschreibung ist in „Formatieren von Ergebnissen" auf Seite 102 enthalten.

Mathcad akzeptiert komplexe Zahlen in Form von *a + bi* (bzw. *a + bj*), wobei *a* und *b* normale Zahlen sind.

Exponentialschreibweise

Um sehr große oder sehr kleine Zahlen in Exponentialschreibweise darzustellen, multiplizieren Sie eine Zahl einfach mit einer Potenz von 10. Geben Sie beispielsweise zur Darstellung der Zahl $3 \cdot 10^8$ **3*10^8** ein.

Griechische Buchstaben

Es gibt zwei Möglichkeiten, griechische Buchstaben in einen Variablennamen einzufügen:

- Klicken Sie in der Symbolleiste „Griechisch" auf den entsprechenden Buchstaben. Klicken Sie in der Symbolleiste „Rechnen" auf $\boxed{\alpha\beta}$, oder wählen Sie **Symbolleisten > Griechisch** im Menü **Ansicht**.

- Geben Sie die lateinische Entsprechung des griechischen Symbols ein und drücken anschließend [**Strg**]**G**. Um beispielsweise φ einzugeben, drücken Sie **f** [**Strg**] **G**.

Hinweis   Viele der griechischen Großbuchstaben sehen wie normale Großbuchstaben aus, sind aber *nicht* mit ihnen identisch. Mathcad unterscheidet zwischen griechischen und lateinischen Buchstaben, auch wenn sie optisch gleich dargestellt sind.

Tipp   Den griechischen Buchstaben π können Sie auch eingeben, indem Sie [**Strg**][**Umschalt**]**P** drücken.

Einfügen eines Operators

Operatoren sind Symbole wie „+" und „–", die Variablen und Zahlen zu *Ausdrücken* zusammenfassen. Variablen und Zahlen, die mithilfe von Operatoren verknüpft werden, werden auch als *Operanden* bezeichnet. In einem Ausdruck wie

$$a^{x + y}$$

sind beispielsweise *x* und *y* die Operanden für „+".

Sie können Operatoren mit Standard-Tastaturbefehlen wie * und + oder mithilfe der Symbolleisten „Rechnen" einfügen. Den Ableitungsoperator können Sie z. B. einfügen, indem Sie in der Symbolleiste „Differential/Integral" auf $\boxed{\frac{d}{dx}}$ klicken oder indem Sie ? eingeben. Wählen Sie **Symbolleisten** im Menü **Ansicht**, um die Symbolleisten „Rechnen" aufzurufen. Eine vollständige Liste der Operatoren mit ihren Tastaturbefehlen und Beschreibungen finden Sie in der Online-Hilfe.

Tipp   Sie finden den Tastaturbefehl für einen Operator, indem Sie den Mauszeiger über eine Schaltfläche in einer Symbolleiste „Rechnen" bewegen, bis die QuickInfo angezeigt wird.

Wenn Sie einen Mathcad-Operator an einer leerer Stelle einfügen, wird ein mathematisches Symbol mit leeren *Platzhaltern* angezeigt. Um Ergebnisse berechnen zu können, müssen Sie in jeden Platzhalter eines Operators einen gültigen mathematischen Ausdruck eingeben.

Hier ein einfaches Beispiel:

1.   Klicken Sie auf eine leere Stelle, und klicken Sie dann in der Symbolleiste „Taschenrechner" auf $\boxed{+}$, oder geben Sie einfach **+** ein. Der Additionsoperator mit zwei Platzhaltern wird angezeigt. $\boxed{\blacksquare + \blacksquare}$

2.   Geben Sie im ersten Platzhalter **2** ein. $\boxed{2 + \blacksquare}$

3.   Klicken Sie in den zweiten Platzhalter, oder drücken Sie [**Tab**], um den Cursor dort zu positionieren, und geben Sie **6** ein. $\boxed{2 + 6}$

4.   Geben Sie **=** ein, oder klicken Sie in der Symbolleiste „Taschenrechner" auf $\boxed{=}$, um das Ergebnis abzurufen. $\boxed{2 + 6 = 8}$

Erstellen von Ausdrücken

Sie können viele mathematische Ausdrücke durch einfaches Eingeben erstellen. Beispielsweise erhalten Sie mit der Eingabe der Zeichen **3/4+5^2=** das Ergebnis auf der rechten Seite.

$$\boxed{\dfrac{3}{4 + 5^2} = 0.103}$$

Der Gleichungseditor in Mathcad setzt innerhalb der Struktur eines mathematischen Ausdrucks an, so dass Ausdrücke eher aufgebaut als eingegeben werden.

Mathcad setzt die verschiedenen Teile eines Ausdrucks entsprechend der geltenden Rangfolge und verschiedener weiterer Regeln zusammen, durch die die Eingabe von Nennern, Exponenten und Ausdrücken in Wurzeln vereinfacht wird. Wenn Sie beispielsweise / eingeben oder in der Symbolleiste „Taschenrechner" auf $\boxed{/}$ klicken, um einen Bruch einzugeben, bleibt Mathcad so lange im Nenner, bis Sie die [**Leertaste**] drücken, um den gesamten Ausdruck auszuwählen.

Eingeben von Namen und Zahlen

Bei der Eingabe von Namen oder Zahlen verhält sich Mathcad ganz wie eine normale Textverarbeitung. Während der Eingabe sehen Sie die Zeichen, die Sie eingeben, hinter der vertikalen *Bearbeitungslinie*. Mithilfe der Pfeiltasten verschieben Sie die vertikale Bearbeitungslinie um jeweils ein Zeichen nach rechts oder links. Es gibt jedoch zwei wichtige Unterschiede:

- Wenn die vertikale Bearbeitungslinie nach rechts bewegt wird, hinterlässt sie eine Spur. Dabei handelt es sich um eine „horizontale Bearbeitungslinie".

- Falls die Gleichung, in die Sie geklickt haben, noch keinen Operator enthält, wird der Rechenbereich durch Drücken der [Leertaste] in einen Textbereich umgewandelt. Diese Umwandlung kann nicht rückgängig gemacht werden.

Steuern der Bearbeitungslinien

Klicken Sie in einen Ausdruck:

- Um die vertikale Bearbeitungslinie von einer Seite des Ausdrucks auf die andere zu verschieben, drücken Sie [Einfg].

- Mithilfe der Pfeiltasten verschieben Sie die vertikale Bearbeitungslinie um jeweils ein Zeichen. Falls Ihr Ausdruck Brüche enthält, können Sie auch die Pfeil-nach-oben- bzw. Pfeil-nach-unten-Taste benutzen.

- Drücken Sie zum Markieren größerer Teile des Ausdrucks die [Leertaste]. Durch wiederholtes Drücken der [Leertaste] nehmen Sie einen immer größer werdenden Anteil des Ausdrucks in die Bearbeitungslinien auf, bis der gesamte Ausdruck zwischen den Bearbeitungslinien steht. Durch nochmaliges Drücken der [Leertaste] bringen Sie die Bearbeitungslinien an ihre Ursprungsposition zurück.

Tipp Sie können auch Teile eines Ausdruck *mit der Maus markieren* und sie so in die Bearbeitungslinien aufnehmen. Der ausgewählte Ausdruck wird in Umkehrdarstellung hervorgehoben. Mit Ihrer nächsten Eingabe wird der hervorgehobene Ausdruck überschrieben.

Das folgende Beispiel veranschaulicht die Verwendung der [Leertaste]:

1. Die beiden Bearbeitungslinien enthalten nur eine einzige Variable, nämlich „*d*".

2. Durch Drücken der [Leertaste] werden die Bearbeitungslinien erweitert, so dass sie den gesamten Nenner umfassen.

3. Wenn Sie wieder die [Leertaste] drücken, werden die Bearbeitungslinien noch einmal erweitert, so dass sie jetzt den gesamten Ausdruck enthalten.

4. Jetzt können die Bearbeitungslinien nicht mehr erweitert werden. Durch Drücken der [Leertaste] werden die Bearbeitungslinien wieder auf die Ausgangsposition zurückgesetzt.

Beachten Sie, dass es keinen Zwischenschritt gab, bei dem die Bearbeitungslinien nur den Zähler enthielten. Ebenso wenig gab es einen Schritt, in dem die Bearbeitungslinien nur das *a* oder das *b* im Zähler enthielten. Die Reihenfolge der Schritte der

Bearbeitungslinien, die durch Drücken der [**Leertaste**] ausgelöst werden, hängen vom jeweiligen Ausgangspunkt ab.

Die Pfeiltasten durchlaufen den Ausdruck in die jeweilige Richtung. Beachten Sie, dass das Konzept oben-unten-links-rechts nicht immer offensichtlich ist, insbesondere dann, wenn der Ausdruck sehr kompliziert ist, oder wenn er Summationen, Integrale oder andere komplexe Operatoren enthält.

Eingeben von Operatoren

Grundlegend für das Arbeiten mit Operatoren ist das Verständnis, welche Variable oder welcher Ausdruck als *Operand* festgelegt werden soll. Hierzu haben Sie zwei Möglichkeiten:

- Sie geben zuerst den Operator ein und füllen die Platzhalter mit Operanden, oder

- Sie verwenden die Bearbeitungslinien, um anzugeben, welche Variable oder welcher Ausdruck verwendet werden soll.

Mit der ersten Methode wird ein Gerüst geschaffen, das später mit den Details ergänzt wird. Diese Methode empfiehlt sich für das Erstellen sehr komplizierter Ausdrücke oder das Arbeiten mit Operatoren wie z. B. die Summierung, für die sehr viele Operanden erforderlich sind, die aber keine natürliche Eingabereihenfolge aufweisen.

Die zweite Methode entspricht eher einer normalen Eingabe und ist schneller, wenn es um einfache Ausdrücke geht. Sie werden nach Bedarf zwischen den beiden Möglichkeiten wechseln.

So erzeugen Sie den Ausdruck a^{x+y} unter Verwendung der ersten Methode:

1. Drücken Sie ^, um den Exponentenoperator zu erstellen, oder klicken Sie in der Symbolleiste „Taschenrechner" auf . Sie sehen zwei Platzhalter. Die Bearbeitungslinien „umschließen" den Exponentenplatzhalter.

2. Klicken Sie auf den unteren Platzhalter, und geben Sie **a** ein.

3. Klicken Sie auf den oberen Platzhalter, und geben Sie + ein.

4. Klicken Sie auf die weiteren Platzhalter, und geben Sie **x** und **y** ein.

So erstellen Sie den Ausdruck a^{x+y} mithilfe der Bearbeitungslinien:

1. Geben Sie **a** ein. Die Bearbeitungslinien umschließen das *a* und zeigen an, dass *a* zum ersten Operanden des als nächstes eingegebenen Operators wird.

2. Drücken Sie ^, um den Exponentenoperator zu erstellen. *a* wird zum ersten Operanden des Exponenten. Die Bearbeitungslinien umschließen jetzt einen weiteren Platzhalter.

3. Geben Sie **x+y** in diesen Platzhalter ein.

Beachten Sie, dass Sie den Ausdruck so eingeben können, wie Sie ihn aussprechen würden. Aber selbst dieses einfache Beispiel ist zweideutig. Wenn Sie sagen „a hoch x plus y", ist nicht erkennbar, ob a^{x+y} oder $a^x + y$ gemeint ist.

Sie können derartige Mehrdeutigkeiten zwar in sämtlichen Fällen mithilfe von Klammern vermeiden, was aber einen erheblichen Mehraufwand bedeutet. Besser ist es, die Operanden mithilfe der Bearbeitungslinien anzugeben. Das folgende Beispiel verdeutlicht dies anhand der Anleitung zur Erstellung des Ausdrucks $a^x + y$ anstelle von a^{x+y}.

1. Geben Sie wie im vorhergehenden Beispiel **a^x** ein. Achten Sie auf die Bearbeitungslinien, die das x umschließen. Wenn Sie jetzt ein + eingeben, wird das x zum ersten Operanden des Pluszeichens.

2. Drücken Sie die [**Leertaste**]. Die Bearbeitungslinien enthalten jetzt den gesamten Ausdruck a^x.

3. Geben Sie + ein. Was zwischen den Bearbeitungslinien stand, wird jetzt zum ersten Operanden des Zeichens +.

4. In den letzten Platzhalter geben Sie **y** ein.

Multiplikation

Beim Eingeben werden Ausdrücke wie ax oder $a(x + y)$ leicht als „a mal x" bzw. „a mal die Summe aus x und y" interpretiert.

Das ist mit Mathcad-Variablen nicht möglich, weil Mathcad bei der Eingabe von **ax** nicht erkennt, ob Sie „a mal x" oder „die Variable ax" meinen. Ebenso wenig kann Mathcad erkennen, ob Sie mit der Eingabe von **a(x+y)** „a mal die Summe von x und y" oder „die Funktion a, angewendet auf das Argument $x + y$" meinen.

Um solche Mehrdeutigkeiten in Ihren mathematischen Ausdrücken zu vermeiden, sollten Sie immer ein * eingeben, um die Multiplikation explizit zu kennzeichnen, wie im folgenden Beispiel gezeigt:

1. Geben Sie **a** ein, gefolgt von einem *. Mathcad fügt einen kleinen Punkt hinter dem „a" ein, der die Multiplikation kennzeichnet.

2. Im Platzhalter geben Sie den zweiten Faktor ein, **x**.

Hinweis Gesetzt den Fall, Sie geben eine numerische Konstante, unmittelbar gefolgt von einem Variablennamen ein, z.B. 4x, interpretiert Mathcad den Ausdruck als die Multiplikation der Konstanten mit der Variablen: $4 \cdot x$. Mathcad zeigt ein Leerzeichen zwischen der Konstanten und der Variablen an, um anzudeuten, dass die Multiplikation gemeint ist. Damit können Sie möglichst annähernd die Schreibweise in Büchern simulieren. Mathcad reserviert jedoch bestimmte Buchstaben, wie beispielsweise i für den Imaginärteil, oder o für oktal, als Suffixe für Zahlen. Für diese Suffixe wird nicht versucht, die Zahl mit einer Variablen zu multiplizieren. Stattdessen wird der Ausdruck als Zahl mit Suffix betrachtet.

Tipp   Sie können den Multiplikationsoperator auch als **x**, als kleinen Abstand oder als großen Punkt anzeigen lassen. Klicken Sie hierzu auf den Multiplikationsoperator, und wählen Sie **Multiplikation anzeigen als**. Zum Ändern aller Multiplikationsoperatoren in einem Arbeitsblatt wählen Sie **Arbeitsblattoptionen** im Menü **Extras**, klicken die Registerkarte **Anzeige** an und wählen eine der Optionen unter **Multiplikation**.

Ein ausführliches Beispiel

Eine Gleichung ist eigentlich *zweidimensional* und eher mit einer Baumstruktur als mit einer Textzeile vergleichbar. Also muss Mathcad einen *zweidimensionalen* Bearbeitungscursor verwenden. Daher gibt es zwei Bearbeitungslinien: eine vertikale und eine horizontale.

Angenommen, Sie möchten einen etwas komplizierteren Ausdruck eingeben:

$$\frac{x - 3 \cdot a^2}{-4 + \sqrt{y + 1} + \pi}$$

Beobachten Sie, wie sich die Bearbeitungslinien bei den folgenden Schritten verhalten:

1. Geben Sie **x-3*a^2** ein. Da die Bearbeitungslinien nur die „2" umschließen, wird nur die „2" zum Zähler, wenn Sie / drücken.

2. Drücken Sie drei Mal die [**Leertaste**], um den gesamten Ausdruck einzuschließen, so dass der ganze Ausdruck zum Zähler wird.

3. Drücken Sie jetzt /, um einen Bruchstrich einzufügen. Sie werden feststellen, dass alles, was bei der Eingabe von / innerhalb der Bearbeitungslinien stand, zum Zähler des Bruchs wird.

4. Geben Sie jetzt **-4+** ein, und klicken Sie in der Symbolleiste „Taschenrechner" auf ⌐. Geben Sie unter der Wurzel **y+1** ein, um den Nenner zu vervollständigen.

5. Drücken Sie zwei Mal die [**Leertaste**], damit die gesamte Wurzel zwischen die Bearbeitungslinien gesetzt wird.

6. Drücken Sie die Taste **+**. Weil die Bearbeitungslinien die gesamte Wurzel enthalten, wird durch Drücken der Taste + die gesamte Wurzel zum ersten Operanden.

7. Klicken Sie in der Symbolleiste „Taschenrechner" auf π bzw. drücken Sie [**Strg**][**Umschalt**]**P**.

Bearbeiten von Ausdrücken

Ändern eines Namens oder einer Zahl

So bearbeiten Sie einen Namen oder eine Zahl:

1. Klicken Sie darauf. Die vertikale Bearbeitungslinie wird sichtbar.

2. Verschieben Sie die vertikale Bearbeitungslinie, indem Sie die Tasten [→] und [←] drücken.

3. Wenn Sie ein Zeichen eingeben, erscheint es links der vertikalen Bearbeitungslinie. Zum Löschen der Zeichen links der Einfügemarke verwenden Sie die [Rücktaste]. Zum Löschen der Zeichen rechts der Einfügemarke drücken Sie auf [Entf].

Einfügen eines Operators

Die einfachste Position für das Einfügen eines Operators ist zwischen zwei Zeichen in einem Namen oder zwei Zahlen in einer Konstanten. Hier sehen Sie, wie ein Pluszeichen zwischen zwei Zeichen eingefügt wird:

1. Platzieren Sie die Bearbeitungslinien dort, wo das Pluszeichen erscheinen soll.

2. Drücken Sie die Taste +, oder klicken Sie in der Symbolleiste „Taschenrechner" auf [+].

Hinweis　Falls erforderlich, umgibt Mathcad Operatoren automatisch mit Leerzeichen. Wenn Sie versuchen, ein Leerzeichen einzufügen, nimmt Mathcad an, Sie möchten Text eingeben, und wandelt Ihren Rechenbereich in einen Textbereich um oder schafft mehr Platz, um mehr von einem Ausdruck einzuschließen.

Wenn Sie ein Divisionszeichen eingeben, verschiebt Mathcad alles, was nach diesem Zeichen kommt, in den Nenner. So fügen Sie ein Divisionszeichen ein:

1. Klicken Sie in den Ausdruck.

2. Drücken Sie die Taste /, oder klicken Sie in der Symbolleiste „Taschenrechner" auf [/]. Mathcad formatiert den Ausdruck neu.

Manche Operatoren, z.B. die Quadratwurzel, der absolute Wert und konjugiert-komplexe Zahlen, erfordern nur einen Operanden. Um einen solchen Operator einzufügen, platzieren Sie die Bearbeitungslinien rund um den Operanden, und drücken Sie die entsprechende Taste bzw. klicken Sie auf die entsprechende Schaltfläche in der Symbolleiste „Rechnen". So verwandeln Sie beispielsweise x in $\sqrt{x}$:

1. Klicken Sie neben das X (vor oder hinter dem Zeichen).

2. Drücken Sie \, um den Quadratwurzel-Operator einzufügen, oder klicken Sie in der Symbolleiste „Taschenrechner" auf [√].

Anwenden eines Operators auf einen Ausdruck

So wenden Sie einen Operator auf einen *gesamten Ausdruck* an:

- Schließen Sie den Ausdruck in Klammern ein, oder

- geben Sie den Ausdruck mithilfe der Bearbeitungslinien ein.

Die erste Methode ist intuitiver, aber auch langsamer, weil Sie Klammern eingeben müssen. Siehe „Einfügen von Klammern" auf Seite 37.

Die Bearbeitungslinien bestehen aus einer horizontalen und einer vertikalen Linie, die sich von links nach rechts entlang der horizontalen Linie bewegt. Um einen Operator auf einen Ausdruck anzuwenden, wählen Sie den entsprechenden Ausdruck aus, indem Sie ihn zwischen die beiden Bearbeitungslinien setzen. Die folgenden Beispiele zeigen, wie die Eingabe von *c zu völlig unterschiedlichen Ausdrücken führen kann, abhängig davon, was ausgewählt war.

- In diesem Beispiel umschließen die beiden Bearbeitungslinien nur den Zähler. Das bedeutet, dass der Operator, den Sie eingeben, nur auf den Zähler angewendet wird.

$$\frac{a + b}{x + d}$$

- Mit der Eingabe von *c wird die Operation nur auf den Zähler angewendet.

$$\frac{(a + b) \cdot c}{x + d}$$

- Die Bearbeitungslinien umschließen den gesamten Bruch. Der Operator, den Sie eingeben, wird also auf den gesamten Bruch angewendet.

$$\frac{a + b}{x + d}$$

- *c gilt für den gesamten Bruch.

$$\frac{a + b}{x + d} \cdot c$$

- Die Bearbeitungslinien umschließen den gesamten Bruch.

$$\frac{a + b}{x + d}$$

- Durch die Eingabe von *c wird das c dem Bruch vorangestellt, da sich die vertikale Bearbeitungslinie *links* befand.

$$c \frac{a + b}{x + d}$$

Löschen eines Operators

So löschen Sie einen Operator, der zwei Variablen oder Konstanten verknüpft:

1. Klicken Sie hinter den Operator.

$$a + b$$

2. Drücken Sie die [**Rücktaste**] oder, falls sich die Bearbeitungslinien vor dem Operator befanden, auf [**Entf**].

Sie können jetzt einen neuen Operator einfügen, indem Sie ihn einfach eingeben.

Brüche verhalten sich auf dieselbe Weise. Weil wir „*a* durch *b*" sagen, bedeutet die Platzierung der Bearbeitungslinien hinter dem Bruchstrich, dass sie vor dem *b* platziert sind.

Betrachten Sie dazu das folgende Beispiel:

1. Platzieren Sie die vertikale Bearbeitungslinie *hinter* den Bruchstrich.

2. Drücken Sie die [**Rücktaste**].

So löschen Sie einen Operator mit nur einem Operanden (z.B. $\sqrt{x}$, $|x|$ oder $x!$):

1. Positionieren Sie die Bearbeitungslinien direkt hinter dem Operator.

2. Drücken Sie die [**Rücktaste**].

Bei bestimmten Operatoren ist es nicht sofort klar, wo die Bearbeitungslinien platziert werden sollen. Beispielsweise ist nicht eindeutig, was bei $|x|$ oder $\bar{x}$ mit „vor" oder „nach" gemeint ist. Mathcad löst diese Mehrdeutigkeit durch Verwenden der gesprochenen Form des Ausdrucks. Da man beispielsweise $\bar{x}$ als „*X*-Konjugation" liest, wird der Balken als *hinter* dem *X* betrachtet.

Ersetzen eines Operators

Um einen gelöschten Operator zu ersetzen, geben Sie einfach den neuen Operator ein.

So ersetzen Sie einen Operator zwischen zwei Ausdrücken:

1. Positionieren Sie die Bearbeitungslinien direkt hinter dem Operator.

2. Drücken Sie die [**Rücktaste**]. Daraufhin wird ein Operatorplatzhalter angezeigt.

3. Geben Sie den neuen Operator ein.

Einfügen eines Minuszeichens

Das Minuszeichen für die „Negation" verwendet dasselbe Zeichen wie das Minuszeichen für die Subtraktion. Um festzustellen, welches von beiden eingefügt werden soll, betrachtet Mathcad die Position der vertikalen Bearbeitungslinie. Befindet sie sich links, fügt Mathcad das Minus für „Negation" ein. Befindet sie sich rechts, fügt Mathcad das Minus für „Subtraktion" ein. Um die vertikale Bearbeitungslinie von einer Seite auf die andere zu verschieben, drücken Sie [**Einfg**].

Das folgende Beispiel zeigt, wie Sie ein Minuszeichen vor „sin(a)" einfügen.

1. Klicken Sie auf sin(a). Drücken Sie gegebenenfalls die [**Leertaste**], um den gesamten Ausdruck auszuwählen.

2. Drücken Sie [**Einfg**], um die vertikale Bearbeitungslinie ganz nach links zu verschieben.

3. Geben Sie - ein, oder klicken Sie in der Symbolleiste

„Taschenrechner" auf , um ein Minuszeichen einzufügen.

Einfügen von Klammern

Mathcad fügt automatisch Klammern ein, um die Rangfolge der Auswertungen zu gewährleisten. Sie können Klammern setzen, um einen Ausdruck zu verdeutlichen bzw. um die gesamte Struktur des Ausdrucks zu verändern. Sie können Klammern paarweise oder eine nach der anderen einfügen. Es empfiehlt sich jedoch, ein Klammerpaar einzufügen, weil Sie dadurch die Gefahr einer unvollständigen Klammerung vermeiden.

So schließen Sie einen Ausdruck in ein Klammerpaar ein:

1. Klicken Sie auf den Ausdruck, und drücken Sie die [**Leertaste**], so dass er zwischen die Bearbeitungslinien gesetzt wird.

2. Geben Sie ein einfaches Anführungszeichen (') ein, oder klicken

   Sie in der Symbolleiste „Taschenrechner" auf . Der Ausdruck wird jetzt in Klammern dargestellt.

Manchmal ist es erforderlich, Klammern einzeln zu setzen. Verwenden Sie dazu die Tasten (und) . So ändern Sie beispielsweise $a - b + c$ in $a - (b + c)$:

1. Klicken Sie gleich links neben das b. Setzen Sie die Bearbeitungslinien so, wie in der Abbildung dargestellt. Drücken Sie gegebenenfalls [**Einfg**], um sie zu verschieben.

2. Geben Sie (ein, und klicken Sie rechts neben das c. Setzen Sie die Bearbeitungslinien so, wie in der Abbildung dargestellt. Drücken Sie gegebenenfalls [**Einfg**], um sie zu verschieben.

3. Geben Sie) ein.

Entfernen von Klammern

Immer wenn Sie eine Klammer löschen, entfernt Mathcad auch die dazugehörige andere Klammer. Dadurch wird verhindert, dass Sie versehentlich einen Ausdruck erstellen, in dem die Klammerung nicht übereinstimmt.

So entfernen Sie ein Klammerpaar:

1. Setzen Sie die Bearbeitungslinien auf eine beliebige Seite von „(".

2. Drücken Sie die [**Rücktaste**] oder [**Entf**].

Verschieben von Teilen eines Ausdrucks

Die Befehle **Ausschneiden**, **Kopieren** und **Einfügen** des Menüs **Bearbeiten** sind eine nützliche Hilfe bei der Bearbeitung komplexer Ausdrücke. Mit **Kopieren** und **Einfügen** können Sie Ausdrücke ganz oder teilweise an eine andere Stelle verschieben. Sie können aber auch die Mathcad-Funktion *Ziehen und Ablegen* verwenden.

Angenommen, Sie möchten den folgenden Ausdruck erstellen:

$$\cos(wt + x) + \sin(wt + x)$$

1. Markieren Sie mit der Maus das Argument in der Kosinus-Funktion, so dass es in Umkehrdarstellung hervorgehoben wird.

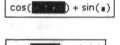

2. Drücken Sie [**Strg**] und die Maustaste, und halten Sie sie gedrückt. Der Zeiger ändert seine Form und zeigt damit an, dass der markierte Ausdruck verschoben wird.

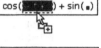

3. Ziehen Sie den Zeiger bei gedrückter [**Strg**]- und Maustaste auf den Platzhalter.

4. Lassen Sie die Maustaste los. Der Ausdruck wird in seiner ursprünglichen Form im Platzhalter abgelegt.

$$\cos(w \cdot t + x) + \sin(w \cdot t + x)$$

Tipp Sie können Ausdrücke und sogar ganze Rechenbereiche in Platzhalter von anderen Ausdrücken oder in freie Bereiche verschieben. Wenn Sie versuchen, den Ausdruck in einem Platzhalter abzulegen, positionieren Sie den Zeiger sorgfältig.

Löschen von Teilen eines Ausdrucks

Sie können einen Teil eines Ausdrucks auch so löschen, dass dieser Teil *nicht* automatisch in der Zwischenablage gespeichert wird. Das ist praktisch, wenn Sie das Gelöschte durch den aktuellen Inhalt der Zwischenablage ersetzen möchten. Sie können den Vorgang jedoch jederzeit mit dem Tastaturbefehl **Rückgängig** [**Strg**]Z rückgängig machen.

So löschen Sie einen Teil eines Ausdrucks, *ohne* ihn in der Zwischenablage zu speichern:

1. Markieren Sie mit der Maus den betreffenden Teil des Ausdrucks (in diesem Fall den Zähler), so dass er in Umkehrdarstellung hervorgehoben wird.

2. Drücken Sie [**Entf**] oder die [**Rücktaste**]. Damit wird der Zähler entfernt, und es erscheint ein Platzhalter.

Hinweis Wenn Sie einen Ausdruck mithilfe der Bearbeitungslinien statt mit der Maus markieren, müssen Sie die [**Rücktaste**] oder [**Entf**] *zwei Mal* drücken, um ihn zu entfernen.

Rechenformatvorlagen

Mithilfe von *Rechenformatvorlagen* können Sie Ihren mathematischen Ausdrücken bestimmte Schriftarten, Schriftgrößen, Schriftschnitte und Effekte sowie Farben zuweisen.

Mathcad enthält vordefinierte Rechenformatvorlagen, die das Standard-Erscheinungsbild aller Rechenbereiche in Arbeitsblättern bestimmen. Sie können jedoch weitere Formatvorlagen definieren und zuweisen.

Mathcad enthält vordefinierte Formatvorlagen für:

- **Variablen**: alle Variablen, Buchstaben und Operatoren in Rechenbereichen.
- **Konstanten**: alle Zahlen in Rechenbereichen.
- **Mathematische Textschriftart**: Titel und Achsenbeschriftungen in Diagrammen.

Bearbeiten von Rechenformatvorlagen

So ändern Sie die Standardformatvorlage für alle Variablen und Diagramme in Mathcad:

1. Klicken Sie in Ihrem Arbeitsblatt auf einen Variablennamen.

2. Wählen Sie **Gleichung** im Menü **Format**. Der Formatname „Variablen" ist ausgewählt.

3. Klicken Sie auf **Ändern**, um die der Formatvorlage „Variablen" zugeordnete Schrift zu ändern. Ein Dialogfeld wird angezeigt, in dem Sie die Schriftmerkmale ändern können.

4. In diesem Dialogfeld können Sie Änderungen zu allen Variablen in Ihrem Arbeitsblatt vornehmen.

Wenn Sie die Vorlage für die Variablen ändern, empfiehlt es sich, dasselbe auch für die Zahlen zu tun, so dass Sie eine einheitliche Darstellung erreichen.

1. Klicken Sie auf eine Zahl.

2. Wählen Sie **Gleichung** im Menü **Format**, um das Dialogfeld **Gleichungsformat** aufzurufen. Der Name der Vorlage „Konstanten" wird ausgewählt.

3. Der restliche Ablauf entspricht dem oben beschriebenen.

Sie können Schriftart, Schriftgröße und Schriftschnitt in einer Rechenformatvorlage auch über die Symbolleiste „Format" ändern. Klicken Sie beispielsweise auf eine Variable und dann auf die entsprechende Schaltfläche der Symbolleiste „Formatierung", um die Variable in Fettdruck, Kursivschrift oder unterstrichen darzustellen bzw. um eine andere Schriftart oder -größe in den Listenfeldern auszuwählen.

Hinweis Das Ändern der Schriftmerkmale, insbesondere der Schriftgröße, kann zu einem Überlappen der Bereiche führen. Mithilfe der Option **Bereiche trennen** im Menü **Format** können Sie überlappende Bereiche wieder trennen.

So ändern Sie die Standardfarbe aller Gleichungen in Ihrem Arbeitsblatt:

1. Wählen Sie **Gleichung** im Menü **Format**.

2. Wählen Sie in der Dropdown-Liste „Standardfarbe für Gleichungen" eine Farbe aus.

Zuweisen von Rechenformatvorlagen

Die Formatvorlagen „Variablen" und „Konstanten" bestimmen das Standarderscheinungsbild aller mathematischen Ausdrücke auf Ihrem Arbeitsblatt. Diese beiden Formatvorlagennamen können nicht geändert werden. Sie können jedoch weitere Rechenformatvorlagen erstellen und zuweisen.

Um zu sehen, welche Formatvorlage einem bestimmten Namen oder einer bestimmten Zahl gegenwärtig zugewiesen ist, klicken Sie auf den Namen bzw. die Zahl und schauen sich das Formatvorlagenfenster in der Symbolleiste „Formatierung" an.

Alternativ dazu klicken Sie den Namen oder die Zahl an und wählen im Menü **Format** den Eintrag **Gleichung**. Im Dropdown-Listenfeld wird das mathematische Format des von Ihnen ausgewählten Elements angezeigt.

Folgenden Elementen können Sie verschiedene Rechenformatvorlagen zuweisen:

• einzelnen Variablennamen in einem Ausdruck oder

• einzelnen Zahlen in einem mathematischen Ausdruck (aber nicht in errechneten Ergebnissen, die immer entsprechend der Formatvorlage „Konstanten" angezeigt werden)

Beispielsweise können Sie Vektoren fett und unterstrichen darstellen:

1. Wählen Sie **Gleichung** im Menü **Format**.

2. Klicken Sie auf den Pfeil neben dem Namen der aktuellen Rechenformatvorlage, so dass eine Liste mit den verfügbaren Vorlagen angezeigt wird.

3. Wählen Sie eine Formatvorlage, zum Beispiel „Benutzer 1", aus. Im Textfeld **Neuer Name der Vorlage** wird der Name „Benutzer 1" angezeigt. Klicken Sie in dieses Textfeld und ändern Sie den Namen in „Vektoren".

4. Klicken Sie auf **Ändern**, um dieser Formatvorlage die Merkmale „fett" und „unterstrichen" hinzuzufügen.

Damit erstellen Sie die Rechenformatvorlage „Vektoren" mit den von Ihnen eingegebenen Merkmalen.

Statt die Schrift, die Schriftgröße und den Schriftschnitt für jeden Vektor einzeln zu ändern, können Sie auch die Formatvorlage für alle Vektoren ändern.

Hinweis   Alle Namen, egal ob Funktions- oder Variablennamen, werden nach Formatvorlage unterschieden. x und x beziehen sich also auf verschiedene Variablen, und $\mathbf{f}(x)$ und $f(x)$ auf verschiedene Funktionen. Bei der Überprüfung, ob zwei Variablennamen identisch sind, beruft sich Mathcad auf die *Rechenformatvorlagen* und nicht auf die Schriftarten. Um zu vermeiden, dass verschiedene Variablen gleich aussehen, sollten Sie keine Formatvorlagen erstellen, die dieselbe Schriftart, dieselbe Schriftgröße usw. wie ein anderes Format verwenden.

Speichern von Rechenformatvorlagen

Sie können eine Rechenformatvorlage wiederverwenden, indem Sie ein Arbeitsblatt als Vorlage speichern. Klicken Sie hierzu im Menü **Datei** auf die Option **Speichern unter**, und wählen Sie im Dialogfeld **Speichern unter** die Mathcad-Vorlage (*.mct) als Dateityp.

Um die so gespeicherte Rechenformatvorlage auf ein anderes Arbeitsblatt anzuwenden, öffnen Sie Ihre Vorlage im Menü **Datei**, und kopieren Sie den Inhalt des Arbeitsblatts in die Vorlage. Siehe „Arbeitsblätter und Vorlagen" auf Seite 67.

Kapitel 5
Bereichsvariablen und Felder

- ♦ Erstellen von Feldern
- ♦ Iterative Berechnungen
- ♦ Zugreifen auf Feldelemente
- ♦ Anzeigen von Feldern
- ♦ Arbeiten mit Feldern

Erstellen von Feldern

In diesem Abschnitt wird beschrieben, wie Sie mit Zahlenfeldern und mathematischen Ausdrücken arbeiten und diese erstellen. Die unten aufgeführten Vorgänge können *nur* zum Erstellen von Zahlenfeldern angewendet werden, und nicht für beliebige andere mathematische Ausdrücke.

Vektoren und Matrizen

In Mathcad stellen Spalten mit Zahlen einen *Vektor* dar, und ein rechteckiges Feld mit Zahlen wird *Matrix* genannt. Der Überbegriff für Vektoren und Matrizen lautet *Feld*. Der Begriff „Vektor" bezieht sich auf einen *Spaltenvektor*. Ein Spaltenvektor ist eine einspaltige Matrix. Sie können auch einen *Zeilenvektor* erstellen, indem Sie eine Matrix mit einer Zeile und vielen Spalten erstellen. Es empfiehlt sich, den Namen von Matrizen, Vektoren und Skalaren (einzelne Zahlen) unterschiedliche Schriftarten zuzuweisen. Namen von Vektoren könnten beispielsweise fett und Skalare kursiv dargestellt werden. Siehe „Rechenformatvorlagen" auf Seite 38.

Einfügen von Matrizen

So fügen Sie einen Vektor oder eine Matrix ein:

1. Klicken Sie in einen leeren Bereich oder einen Platzhalter in einem Rechenbereich.

2. Wählen Sie **Matrix** im Menü **Einfügen**, oder klicken Sie zum Öffnen des Dialogfelds **Einfügen** in der Matrix-Symbolleiste auf .

3. Geben Sie die Anzahl an Elementen für „Zeile" und „Spalte" ein. Um beispielsweise einen Vektor mit drei Elementen zu erzeugen, geben Sie 3 und 1 ein.

4. Ein Feld mit leeren Platzhaltern wird in Ihr Arbeitsblatt eingefügt.

Geben Sie jetzt die Feldelemente ein. Es können beliebige mathematische Ausdrücke in die Platzhalter eines Feldes eingeben werden. Klicken Sie einfach in den betreffenden

Platzhalter und geben Sie eine Zahl oder einen Ausdruck ein. Mit der Taste [**TAB**] können Sie zwischen den Platzhaltern wechseln.

Hinweis   Felder, die mit der Option **Matrix** im Menü **Einfügen** erstellt wurden, sind auf 100 Elemente beschränkt. Die jeweilige Beschränkung der Feldgröße hängt vom im System verfügbaren Speicherplatz ab (in der Regel mindestens 1 Million Elemente). Weitere Informationen dazu finden Sie in der Online-Hilfe.

Ändern der Größe eines Vektors oder einer Matrix

Die Größe einer Matrix wird geändert, indem Zeilen und Spalten eingefügt bzw. entfernt werden.

1. Klicken Sie auf eines der Matrixelemente, um es zwischen den Bearbeitungslinien zu platzieren. An dieser Stelle werden Elemente hinzugefügt oder entfernt.

$$\begin{pmatrix} 2 & 5 & 17 \\ 3.5 & 3.9 & -12.9 \end{pmatrix}$$

2. Wählen Sie **Matrix** im Menü **Einfügen**. Geben Sie an, wie viele Zeilen und/oder Spalten eingefügt oder gelöscht werden sollen. Drücken Sie **Einfügen** oder **Löschen**. Um beispielsweise die Spalte zu löschen, die das ausgewählte Element enthält, geben Sie in das Textfeld für Spalten **1** ein, in das Textfeld für Zeilen **0** ein, und drücken dann die Löschen-Taste.

$$\begin{pmatrix} 5 & 17 \\ 3.9 & -12.9 \end{pmatrix}$$

Iterative Berechnungen

Mathcad kann wiederholte oder iterative Berechnungen genauso leicht durchführen wie einzelne Berechnungen, indem eine spezielle Variable, eine sogenannte *Bereichsvariable*, angewendet wird.

Bereichsvariablen können einen ganzen Wertebereich annehmen, z. B. alle ganzen Zahlen von 0 bis 10. Immer wenn eine Bereichsvariable in einer Mathcad-Gleichung verwendet wird, berechnet Mathcad die Gleichung nicht nur einmal, sondern einzeln für jeden Wert der Bereichsvariablen.

Erstellen von Bereichsvariablen

Um Gleichungen für einen bestimmten Wertebereich zu berechnen, legen Sie dafür eine Bereichsvariable an. In dem unten aufgeführten Beispiel können Ergebnisse für t-Werte im Bereich zwischen 10 und 20 mit der Schrittweite 1 berechnet werden.

Gehen Sie dazu wie folgt vor:

1. Zuerst geben Sie als Wert **t:10** ein. Klicken Sie auf **10** in der Gleichung **t:=10**.

$$t := 10$$

2. Geben Sie **,11** ein. Der folgende Zahlenwert beträgt 11 mit einer Schrittweite von 1.

$$t := 10, 11$$

3. Geben Sie ; als Bereichsvariablenoperator ein, oder klicken Sie
    in der Symbolleiste „Matrix" auf m..n , und geben Sie als letzte
    Zahl im Bereich eine 20 ein. Die letzte Zahl des Bereichs ist die
    20. Mathcad zeigt den Bereichsvariablenoperator mit zwei
    Punkten an.

$$t := 10, 11 .. 20$$

$$\frac{acc}{2} \cdot t^2 =$$

-490
-592.9
-705.6
-828.1
-960.4
$-1.103 \cdot 10^3$
$-1.254 \cdot 10^3$
$-1.416 \cdot 10^3$
$-1.588 \cdot 10^3$
$-1.769 \cdot 10^3$
$-1.96 \cdot 10^3$

4. Klicken Sie an eine Stelle außerhalb der Gleichung für t.
    Mathcad beginnt die Berechnung mit t als Bereichsvariable. Da
    für t 11 verschieden Werte vorhanden sind, müssen auch 11
    verschiedene Ergebnisse in einer *Ausgabetabelle* angezeigt
    werden.

Sie können die Elemente eines Feldes mit einer oder mehreren Bereichsvariablen
füllen. Wenn Sie beispielsweise in einer Gleichung zwei Bereichsvariablen einsetzen,
durchläuft Mathcad alle Werte jeder Variablen. Dies ist für das Definieren von Matrizen
sinnvoll. Wenn beispielsweise eine 5×5 Matrix, dessen i,j-tes Element $i + j$ ist, geben
Sie die in Abbildung 5-1 abgebildete Gleichung ein.

Geben Sie den Index-Operator ein, indem Sie auf x_n in der Matrix-Symbolleiste
klicken, oder drücken Sie die Taste [.

Die Gleichung $x_{i,j}$ wird für jeden Wert jeder Bereichsvariablen berechnet (insgesamt
25 Auswertungen). Das Ergebnis ist die unten in Abbildung 5-1 gezeigte Matrix mit 5
Spalten und 5 Zeilen. Das Element in der i-ten Zeile und j-ten Spalte der Matrix ist $i + j$.

$$i := 0 .. 4 \qquad j := 0 .. 4$$

$$x_{i,j} := i + j$$

$$x = \begin{pmatrix} 0 & 1 & 2 & 3 & 4 \\ 1 & 2 & 3 & 4 & 5 \\ 2 & 3 & 4 & 5 & 6 \\ 3 & 4 & 5 & 6 & 7 \\ 4 & 5 & 6 & 7 & 8 \end{pmatrix}$$

*Abbildung 5-1: Definieren einer Matrix unter Verwendung von
Bereichsvariablen.*

Hinweis   Zum Definieren von Feldelementen können nur ganze Zahlenwerte in den Feldindex eingeben
werden.

Weitere Informationen zu Bereichsvariablen finden Sie unter „Bereichsvariablen" auf Seite 93.

Eingabe einer Matrix als Datentabelle

Sie können eine Datentabelle verwenden, die Ihnen die Eingabe ähnlich einer Benutzeroberfläche bei Tabellenkalkulationen erleichtert.

1. Klicken Sie im Arbeitsblatt auf eine leere Stelle, und wählen Sie im Menü **Einfügen** die Einträge **Daten > Tabelle**.

2. Geben Sie den Namen der Mathcad-Variablen, der die Daten zugewiesen werden sollen, in den Platzhalter ein.

3. Klicken Sie auf die Datentabelle, und geben Sie in die Zellen Daten (Zahlen) ein. Jede Zeile muss dieselbe Anzahl an Datenwerten enthalten. Wenn Sie in eine Zelle keine Zahl eintragen, fügt Mathcad 0 ein.

Abbildung 5-2 zeigt zwei Datentabellen. Beachten Sie, dass Sie beim Erstellen einer Datentabelle einem Feld, das den Namen der zugewiesenen Variablen trägt, Elemente zuweisen.

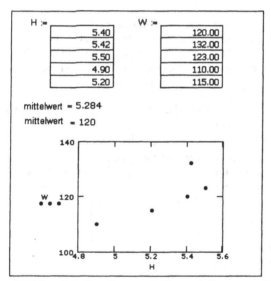

Abbildung 5-2: Erstellen von Feldern mit Daten unter Verwendung von Datentabellen.

Wenn Sie eine Tabelle anklicken, können Sie die Werte mit der Bildlaufleiste bearbeiten. Um die Größe der Tabelle zu ändern, setzen Sie den Cursor auf einen der Haltepunkte am Rand des Bereichs; der Mauszeiger verwandelt sich in einen Doppelpfeil. Drücken Sie die Maustaste, und ziehen Sie den Cursor bei gedrückter Maustaste, um die Tabelle zu vergrößern oder zu verkleinern.

Hinweis Eine Datentabelle kann für den Import von Daten aus einer Datenquelle oder anderen Anwendungen verwendet werden. Die importierten Daten können, wie oben beschrieben, in Mathcad bearbeiten werden.

Tipp So kopieren Sie Daten aus einer Datentabelle: Markieren Sie die Daten. Klicken Sie dann mit der rechten Maustaste in die Datentabelle und wählen Sie im Kontextmenü **Kopieren**. Sie können eine einzelne Zahl in die Tabelle einfügen, indem Sie eine Zelle markieren und im Kontextmenü **Einfügen** wählen. Wenn Sie im Kontextmenü **Tabelle einfügen** wählen, wird die gesamte Tabelle überschrieben.

Zugreifen auf Feldelemente

Sie können mithilfe des Variablennamens auf alle Elemente in einem Feld zugreifen. Sie können auch auf einzelne Elemente oder Elementgruppen zugreifen.

Literalindizes

Der Zugriff auf einzelne Elemente eines Vektors oder einer Matrix erfolgt über den Index-Operator. Fügen Sie den Index-Operator ein, indem Sie in der Matrix-Symbolleiste auf $\boxed{X_n}$ klicken und [eingeben. Um auf ein Element eines Vektors zugreifen zu können, geben Sie eine Zahl in den Index ein. Um auf ein Matrixelement zuzugreifen, geben Sie zwei durch ein Komma voneinander getrennte Zahlen ein. Um auf das *i*-te Element eines Vektors zu verweisen, geben Sie **v[i** ein. Grundsätzlich gilt, dass Sie sich auf ein Element in der *i*-ten Zeile, *j*-ten Spalte der Matrix **M** beziehen, wenn Sie **M[i,j** eingeben.

Abbildung 5-3 zeigt Beispiele für die Definition und Anzeige einzelner Matrixelemente.

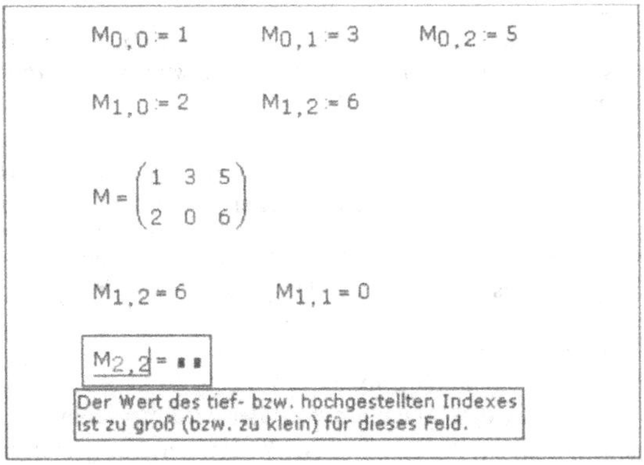

$$M_{0,0} := 1 \qquad M_{0,1} := 3 \qquad M_{0,2} := 5$$

$$M_{1,0} := 2 \qquad M_{1,2} := 6$$

$$M = \begin{pmatrix} 1 & 3 & 5 \\ 2 & 0 & 6 \end{pmatrix}$$

$$M_{1,2} = 6 \qquad M_{1,1} = 0$$

$$M_{2,2} = \blacksquare\blacksquare$$

Der Wert des tief- bzw. hochgestellten Indexes ist zu groß (bzw. zu klein) für dieses Feld.

Abbildung 5-3: Definieren und Anzeigen von Matrixelementen. Da der Eintrag im Feld ORIGIN Null beträgt, gibt es eine nullte und eine erste Zeile, aber keine zweite.

Hinweis Beim Definieren von Vektor- oder Matrixelementen können Sie im Vektor oder der Matrix auch Lücken lassen. Wenn beispielsweise **v** nicht definiert ist, und Sie definieren v_3 mit 10, dann sind v_0, v_1, und v_2 nicht definiert. Mathcad füllt diese Lücken mit Nullen, bis Sie spezifische Werte eingeben (siehe Abbildung 5-3). Durch das Definieren von einzelnen Elementen können versehentlich sehr große Vektoren und Matrizen erstellt werden.

Diese Indexnotation wird in Mathcad genutzt, um parallele Berechnungen für die Feldelemente auszuführen. Siehe „Gleichzeitiges Ausführen von Berechnungen" auf Seite 52.

Tipp Wenn Sie eine Gruppe von Feldelementen definieren oder darauf zugreifen möchten, verwenden Sie im Index eine Bereichsvariable.

Zugreifen auf Zeilen und Spalten

Sie können zwar eine Bereichsvariable verwenden, um auf alle Elemente in einer Zeile oder Spalte eines Feldes zuzugreifen, Mathcad bietet jedoch auch einen Spaltenoperator, mit dessen Hilfe Sie schnell auf alle Elemente in einer Spalte zugreifen können. Klicken Sie in der Matrix-Symbolleiste auf [M⟨⟩] um den Spaltenoperator aufzurufen. Abbildung 5-4 zeigt, wie die dritte Spalte der Matrix **M** extrahiert wird.

$$M := \begin{pmatrix} 1 & 3 & 5 \\ 2 & 0 & 6 \end{pmatrix} \qquad M^{\langle 2 \rangle} = \begin{pmatrix} 5 \\ 6 \end{pmatrix}$$

$$M^T = \begin{pmatrix} 1 & 2 \\ 3 & 0 \\ 5 & 6 \end{pmatrix} \qquad w := \left(M^T\right)^{\langle 1 \rangle} \qquad w = \begin{pmatrix} 2 \\ 0 \\ 6 \end{pmatrix}$$

Abbildung 5-4: Extrahieren einer Spalte aus einer Matrix. Der Wert für ORIGIN beträgt Null. Somit bezieht sich die hochgestellte 2 auf die dritte Spalte der Matrix M.

Um eine einzelne Zeile aus einer Matrix zu extrahieren, transponieren Sie die Matrix mithilfe des Operators „Transponieren" (klicken Sie in der Matrix-Symbolleiste auf [M^T]), und extrahieren Sie dann die entsprechende Spalte unter Verwendung des Spaltenoperators. Dies ist oben in Abbildung 5-4 dargestellt.

Ändern des Feldursprungs

Wenn Sie Indizes verwenden, um auf Feldelemente zu verweisen, setzt Mathcad voraus, dass das Feld an dem aktuellen Wert der vordefinierten Variablen ORIGIN beginnt. Standardmäßig ist ORIGIN 0, dieser Wert kann aber geändert werden. Weitere Einzelheiten hierzu finden Sie unter „Vordefinierte Variablen" auf Seite 89.

Abbildung 5-5 zeigt ein Arbeitsblatt dessen Wert für ORIGIN 1 beträgt. Wenn Sie sich in diesem Fall auf das nullte Element eines Feldes beziehen, wird von Mathcad eine Fehlermeldung eingeblendet.

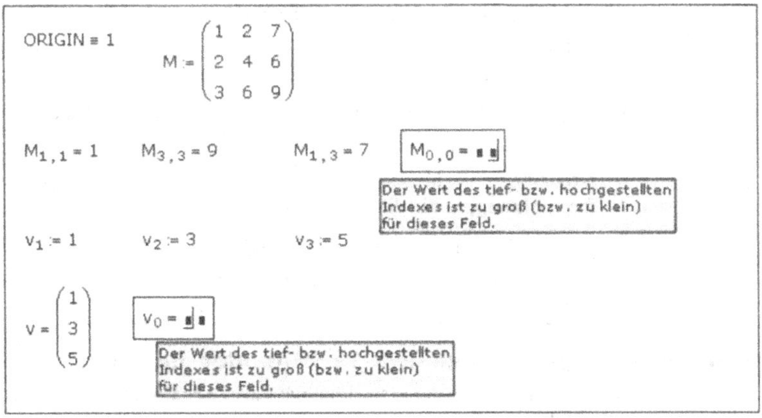

$$\text{ORIGIN} \equiv 1 \qquad M := \begin{pmatrix} 1 & 2 & 7 \\ 2 & 4 & 6 \\ 3 & 6 & 9 \end{pmatrix}$$

$M_{1,1} = 1 \qquad M_{3,3} = 9 \qquad M_{1,3} = 7 \qquad M_{0,0} = \blacksquare \blacksquare$

> Der Wert des tief- bzw. hochgestellten Indexes ist zu groß (bzw. zu klein) für dieses Feld.

$v_1 := 1 \qquad v_2 := 3 \qquad v_3 := 5$

$$v = \begin{pmatrix} 1 \\ 3 \\ 5 \end{pmatrix} \qquad v_0 = \blacksquare \blacksquare$$

> Der Wert des tief- bzw. hochgestellten Indexes ist zu groß (bzw. zu klein) für dieses Feld.

Abbildung 5-5: Felder, die bei Element 1 anstelle von Element 0 beginnen. Sobald der Wert für ORIGIN 1 beträgt, gibt es weder für die Matrix noch den Vektor eine nullte Zeile oder Spalte.

Anzeigen von Feldern

Mathcad zeigt Matrizen und Vektoren mit mehr als neun Spalten oder Zeilen automatisch als Ausgabetabellen an. Kleinere Felder werden in der herkömmlichen Matrixnotation angezeigt. Hierzu ein Beispiel in Abbildung 5-6.

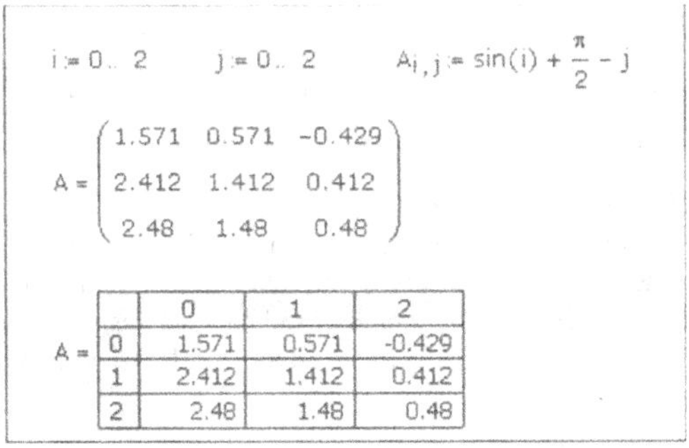

$$i := 0 .. 2 \qquad j := 0 .. 2 \qquad A_{i,j} := \sin(i) + \frac{\pi}{2} - j$$

$$A = \begin{pmatrix} 1.571 & 0.571 & -0.429 \\ 2.412 & 1.412 & 0.412 \\ 2.48 & 1.48 & 0.48 \end{pmatrix}$$

$A =$

	0	1	2
0	1.571	0.571	-0.429
1	2.412	1.412	0.412
2	2.48	1.48	0.48

Abbildung 5-6: Die oben angezeigten Ergebnisse zeigen eine Matrix, während die Ergebnisse unten als Ausgabetabelle aufgeführt sind.

Hinweis Eine Ausgabetabelle zeigt einen Teil eines Felds an. Links von jeder Zeile und oben in jeder Spalte sehen Sie eine Zahl, die den Index der Zeile oder Spalte angibt. Klicken Sie mit der rechten Maustaste auf die Ausgabetabelle, und wählen Sie im Kontextmenü **Eigenschaften**, um zu überprüfen, ob Zeilen- und Spaltenzahlen angezeigt werden. Wählen Sie eine Schriftart aus. Wenn die Ergebnisse über den Rand der Tabelle hinausgehen, können Sie diese mithilfe der Bildlaufleiste einsehen.

So ändern Sie die Größe der Ausgabetabelle:

1. Klicken Sie auf die Ausgabetabelle. An den Seiten der Tabelle befinden sich Haltepunkte.

2. Setzen Sie den Cursor auf einen dieser Haltepunkte, sodass er sich in einen Doppelpfeil verwandelt.

3. Drücken Sie die Maustaste, und ziehen Sie den Cursor bei gedrückter Maustaste in die Richtung, in die die Tabelle vergrößert oder verkleinert werden soll.

Tipp Sie können die Ausrichtung der Tabelle im Hinblick auf den Ausdruck auf der linken Seite des Gleichheitszeichens ändern. Klicken Sie mit der rechten Maustaste auf die Tabelle, und wählen Sie im Kontextmenü eine Option unter **Ausrichtung.**

Ändern der Anzeige von Feldern: Tabelle oder Matrix

Sie können Mathcad so einstellen, dass große Matrizen nicht als Ausgabetabellen dargestellt werden. Sie können Matrizen auch in Ausgabetabellen umwandeln. Gehen Sie dazu wie folgt vor:

1. Klicken Sie auf die Ausgabetabelle oder Matrix.

2. Wählen Sie **Ergebnis** im Menü **Format.**

3. Klicken Sie auf die Registerkarte **Anzeige-Optionen.**

4. Wählen Sie im Dropdown-Feld für das Matrix-Anzeigeformat die Option **Matrix** oder **Tabelle.**

Um alle Ergebnisse in Ihren Arbeitsblättern unabhängig von ihrer Größe, als Matrizen oder Tabellen anzuzeigen, wählen Sie **Als Standard festlegen** im Dialogfeld für das Ergebnisformat.

Hinweis Mathcad kann sehr große Felder nicht als Matrizen darstellen. Stellen Sie diese in Form einer Ausgabetabelle dar.

Ändern des Formats angezeigter Elemente

Um die Zahlen in einem Feld zu formatieren, klicken Sie einfach auf das eingeblendete Feld und wählen **Ergebnis** im Menü **Format.** Sie können dann die Einstellungen ändern. Wenn Sie auf OK klicken, wendet Mathcad das ausgewählte Format auf alle Zahlen in der Tabelle, im Vektor oder in der Matrix an. Es ist nicht möglich, die Zahlen einzeln zu formatieren.

Einfügen und Kopieren von Feldern

Ein Feld mit Zahlen kann direkt aus einer Tabellenanwendung, wie Excel oder einer ASCII-Datei, die Zeilen und Spalten verwendet, in ein Mathcad-Feld kopiert werden. Alle Eigenschaften der Daten, wie Text, numerische Zahlen, komplexe Zahlen oder leere Zellen bleiben erhalten. Nachdem Sie die Berechnungen oder Änderungen von Daten ausgeführt haben, fügen Sie das resultierende Zahlenfeld wieder in die Quelle ein oder exportieren es in eine andere Anwendung.

Um nur eine Zahl aus dem Ergebnisfeld zu kopieren, klicken Sie auf die Zahl und wählen **Kopieren** im Menü **Bearbeiten.** Das Verfahren zum Kopieren mehrerer Zahlen aus einem Vektor- oder Matrixergebnis ist unterschiedlich, abhängig davon, ob das Feld als Matrix oder als Ausgabetabelle angezeigt wird.

So kopieren Sie ein Ergebnisfeld, das als Matrix angezeigt wird:

1. Markieren Sie das Feld rechts vom Gleichheitszeichen, um das gesamte Feld zwischen die Bearbeitungslinien zu setzen.

2. Wählen Sie **Kopieren** im Menü **Bearbeiten**.

3. Ein Feld kann auf einem Mathcad-Arbeitsblatt nur in einen mathematischen Platzhalter oder einen leeren Bereich eingefügt werden.

4. Das Feld kann auch in eine andere Anwendung eingefügt werden.

Wenn Sie Feldergebnisse als Tabelle anzeigen, können Sie einige oder alle Zahlen aus der Tabelle kopieren:

1. Klicken Sie auf die erste Zahl, die kopiert werden soll.

2. Markieren Sie bei gedrückter Maustaste alle weiteren Werte, die kopiert werden sollen.

3. Klicken Sie mit der rechten Maustaste auf die markierten Werte, und wählen Sie im Kontextmenü **Auswahl kopieren**.

Um alle Werte in einer Zeile oder Spalte zu kopieren, klicken Sie auf die Zeilen- oder Spaltennummer links von der Zeile oder oberhalb der Spalte. Wählen Sie dann **Kopieren** im Menü **Bearbeiten**.

Nachdem Sie ein oder mehrere Zahlen aus einer Ausgabetabelle kopiert haben, können diese an einer anderen Stelle des Arbeitsblattes oder in eine andere Anwendung eingefügt werden. In Abbildung 5-7 ist beispielsweise eine neue Matrix dargestellt, die durch Kopieren und Einfügen von Zahlen aus einer Ausgabetabelle erstellt wurde.

Tipp Wenn Sie ein Feld als Ausgabetabelle anzeigen, können Sie Daten direkt aus der Tabelle exportieren. Klicken Sie mit der rechten Maustaste auf die Ausgabetabelle, und wählen Sie im Kontextmenü **Export**. Geben Sie den Namen der Datei, das Format und die Spalten und Zeilen ein, die Sie exportieren möchten.

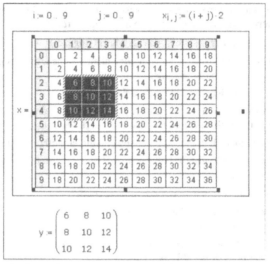

*Abbildung 5-7: Kopieren und Einfügen von Ergebnissen in einer Ausgabetabelle. Die Spaltenzahlen sind in der oberen waagerechten Zeile und die Zeilenzahlen senkrecht am rechten Rand angegeben. Die hervorgehobenen Zahlen wurden zum Kopieren markiert. Geben Sie **y :** ein, und fügen Sie die kopierten Ergebnisse der Ausgabetabelle ein.*

Arbeiten mit Feldern

Es gibt zahlreiche Operatoren und Funktionen für die Verwendung mit Vektoren und Matrizen. Siehe in der Online-Hilfe unter **Matrix Toolbar and Operators** (Matrix-Symbolleiste und Vektoren) und **Vector and Matrix Functions** (Vektor- und Matrixfunktionen). In diesem Abschnitt wird der Operator „Vektorisieren" beschrieben, der effiziente parallele Berechnungen für Feldelemente ermöglicht. Die Feldwerte können auch grafisch dargestellt oder in eine Datendatei oder andere Anwendung exportiert werden.

Gleichzeitiges Ausführen von Berechnungen

Alle Berechnungen in Mathcad können mit einzelnen Werten, aber auch mit Vektoren oder Matrizen ausgeführt werden. Hierzu haben Sie zwei Möglichkeiten:

- Durch Iteration über die einzelnen Elemente mithilfe von Bereichsvariablen. Siehe „Iterative Berechnungen" auf Seite 44.

- Verwenden Sie den *Operator „Vektorisieren"* um die gleiche Operation für jedes *Element* eines Vektors oder einer Matrix einzeln auszuführen.

Die mathematische Notation zeigt wiederholte Operationen häufig unter Verwendung von Indizes an. Um beispielsweise die Matrix **P** zu definieren, indem die sich entsprechenden Elemente der Matrizen **M** und **N** multipliziert werden, schreiben Sie Folgendes:

$$\mathbf{P}_{i,j} = \mathbf{M}_{i,j} \cdot \mathbf{N}_{i,j}$$

Beachten Sie, dass es sich dabei nicht um eine Matrixmultiplikation handelt, sondern um eine Multiplikation der einzelnen Elemente. Diese Operation *kann* in Mathcad mithilfe von Indizes ausgeführt werden. Es ist aber wesentlich schneller, dafür eine vektorisierte Gleichung zu verwenden.

So wenden Sie den Operator „Vektorisieren" für einen Ausdruck wie **M** · **N** an:

1. Markieren Sie den gesamten Ausdruck, indem Sie in den Ausdruck klicken und die [**Leertaste**] drücken, bis die gesamte rechte Seite zwischen den Bearbeitungslinien steht.

$$P := \underline{M \cdot N}$$

2. Klicken Sie auf ▦ in der Symbolleiste „Matrix", um den Operator „Vektorisieren" anzuwenden. Mathcad platziert einen Pfeil oberhalb des ausgewählten Ausdrucks.

$$P := \overrightarrow{(M \cdot N)}$$

Angenommen, Sie möchten die Quadratformel für drei Vektoren mit den Koeffizienten *a*, *b* und *c* anwenden. In Abbildung 5-8 wird dargestellt, wie Sie dies mit dem Operator „Vektorisieren" ausführen.

Der Operator „Vektorisieren", der in Abbildung 5-8 als Pfeil über der Quadratformel angezeigt wird, ist für diese Berechnung wesentlich. Ohne den Operator würde Mathcad **a** · **c** als Vektor-Skalarprodukt interpretieren und die Quadratwurzel eines Vektors als ungültig markieren. Mit dem Operator „Vektorisieren" werden jedoch **a** · **c** und die Quadratwurzel als einzelne Elemente ausgeführt.

$$a := \begin{pmatrix} 1 \\ 1 \\ 2 \\ 2 \end{pmatrix} \quad b := \begin{pmatrix} 3 \\ 2 \\ 1 \\ 0 \end{pmatrix} \quad c := \begin{pmatrix} 2 \\ 1 \\ 1 \\ 1 \end{pmatrix}$$

$$x := \overrightarrow{\left(\frac{-b + \sqrt{b^2 - 4 \cdot a \cdot c}}{2 \cdot a} \right)} \quad x = \begin{pmatrix} -1 \\ -1 \\ -0.25 + 0.661i \\ 0.707i \end{pmatrix}$$

$$\overrightarrow{\left(a \cdot x^2 + b \cdot x + c \right)} = \begin{pmatrix} 0 \\ 0 \\ 0 \\ 0 \end{pmatrix}$$

Abbildung 5-8: Quadratformel mit Vektoren und dem Operator „Vektorisieren". Bestimmen Sie zuerst die drei Koeffizienten. Berechnen Sie dann die Wurzel. Das Ergebnis sollte Null sein.

Grafische Darstellung von Feldern

Neben den Zahlen, aus denen sich ein Feld zusammensetzt, können Sie auch eine grafische Darstellung des Feldinhalts anzeigen. Dazu gibt es mehrere Möglichkeiten:

- Für ein beliebiges Feld können Sie die verschiedenen in Kapitel 12, „3D-Diagramme" vorgestellten 3D-Diagrammtypen verwenden.

- Für ein Feld mit ganzen Zahlen mit Werten zwischen 0 und 255 erstellen Sie ein Graustufenbild, indem Sie im Menü **Einfügen** die Option **Bild** wählen und in den Platzhalter den Namen des Felds eingeben.

- Um drei separate Felder mit ganzen Zahlen mit Werten zwischen 0 und 255 zu erhalten, die die Rot-, Grün- und Blau-Komponenten eines Bildes darstellen, wählen Sie im Menü **Einfügen** die Option **Bild**. Geben Sie die Feldnamen durch Kommas getrennt in den Platzhalter ein.

Weitere Informationen über die Anzeige einer Matrix (oder dreier Matrizen bei einem Farbbild) im Bildoperator finden Sie in Kapitel 10, „Einfügen von Grafiken und anderen Objekten".

Kapitel 6
Arbeiten mit Text

- ♦ Einfügen von Text
- ♦ Text- und Absatzeigenschaften
- ♦ Textformatvorlagen
- ♦ Gleichungen im Text
- ♦ Textwerkzeuge

Einfügen von Text

In diesem Abschnitt wird beschrieben, wie Text in ein Arbeitsblatt eingefügt wird. Mathcad ignoriert Text bei der Ausführung von Berechnungen, Sie können jedoch funktionierende mathematische Gleichungen in Textbereiche einfügen, wie unter „Gleichungen im Text" auf Seite 63 beschrieben.

Erstellen von Textbereichen

Zum Erstellen eines Textbereichs sind die folgenden Schritte auszuführen. Klicken Sie zuerst dahin, wo der Anfang des Textbereichs liegen soll. Gehen Sie nun wie folgt vor:

1. Wählen Sie **Textbereich** im Menü **Einfügen** oder drücken Sie die Taste (**") mit den doppelten Anführungszeichen. Sie können auch einfach mit dem Schreiben beginnen. So wie Sie ein Leerzeichen eingeben, wird von Mathcad ein Textbereich angefangen. Das Fadenkreuz wird als Textcursor angezeigt und ein Textfeld eingeblendet.

2. Beginnen Sie nun mit dem Schreiben. Mathcad zeigt den Text in einem Rahmen an. Während der Eingabe bewegt sich der Textcursor weiter und der Rahmen wird größer.

3. Wenn Sie den Schreibvorgang beendet haben, klicken sie eine beliebige Stelle außerhalb des Textbereiches. Das Textfeld wird dann ausgeblendet.

Flüssigkeitsfluss – Beispiel

+

Hinweis Ein Textbereich kann nicht einfach nur durch Drücken der [**Eingabetaste**] verlassen werden. Sie müssen entweder außerhalb des Bereichs klicken oder die Tastenkombination [**Strg**][**Umschalt**][**Eingabetaste**] betätigen oder wiederholt eine der Pfeiltasten drücken, bis der Cursor den Bereich verlassen hat.

So fügen Sie Text in einen vorhandenen Textbereich ein:

- Klicken Sie irgendwo in den Textbereich. Der Text wird innerhalb eines Rahmens dargestellt. Alles, was Sie jetzt eingeben, wird an der Stelle eingefügt, an der sich der Textcursor befindet.

So löschen Sie Text aus einem vorhandenen Textbereich:

1. Drücken Sie die [**Rücktaste**] oder die Taste [**Entfernen**], so wie in jedem anderen Textverarbeitungsprogramm auch.

So überschreiben Sie Text:

1. Plazieren Sie den Textcursor links neben dem ersten Zeichen, das Sie überschreiben wollen.

2. Drücken Sie [**Einfg**], um im *Überschreibmodus* zu schreiben. Um wieder in den *Einfügemodus* zu wechseln, drücken Sie erneut [**Einfg**].

Sie können den Text auch überschreiben, indem Sie ihn zuerst markieren (siehe „Auswählen von Text" unten). Der ausgewählte Bereich wird durch Ihre Eingabe überschrieben.

Tipp Um einen Zeilenumbruch in einen Textbereich einzufügen oder auf einer neuen Zeile zu beginnen, drücken Sie die [**Eingabetaste**]. Mathcad fügt einen Umbruch ein und verschiebt den Textcursor in die nächste Zeile. Drücken Sie [**Umschalt**][**Eingabetaste**], um eine neue Zeile im gleichen Absatz zu beginnen. Wenn Sie die Breite des Textbereichs ändern, behält Mathcad den Zeilenumbruch an diesen Stellen im Text bei. Um einen Textbereich zu kürzen, sollten Sie anstelle die Rücktaste zu verwenden, besser die Breite des Textbereichs ändern.

Auswählen von Text

Eine Methode zur Textauswahl innerhalb eines Textbereichs ist Folgende:

1. Klicken Sie in den Textbereich.

2. Ziehen Sie die Maus bei gedrückter Maustaste über den Text.

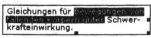

Mathcad markiert den ausgewählten Text zwischen dem ersten und dem letzten ausgewählten Zeichen.

Online-Hilfe Sie können einen Text auch mit den Pfeiltasten oder wiederholtem Klicken der Maustaste auswählen. Weitere Informationen finden Sie in der Online-Hilfe unter „Selecting text" (Auswählen von Text).

Wenn der Text markiert ist, können Sie ihn löschen, kopieren, eine Rechtschreibprüfung durchführen oder die Schrift, die Größe, das Format und die Farbe ändern.

Um einen oder mehrere Textbereiche bzw. -gruppen auszuwählen und zu verschieben, gehen Sie wie bei Rechenbereichen vor (siehe „Bereiche" auf Seite 11).

Griechische Buchstaben im Text

So geben Sie einen griechischen Buchstaben in einen Textbereich ein:

- Klicken Sie in der Symbolleiste „Griechisch" auf den entsprechenden Buchstaben. Um diese Symbolleiste aufzurufen, klicken Sie in der Rechnen-Symbolleiste auf

  $\alpha\beta$ oder wählen Sie **Symbolleiste > Griechisch** im Menü **Ansicht**, oder

- Geben Sie die lateinische Entsprechung des griechischen Symbols ein und drücken anschließend [**Strg**]**G**. Um beispielsweise φ einzugeben, drücken Sie **f**[**Strg**]**G**.

Tipp Die Eingabe von [**Strg**]**G** wandelt auch in einem Rechenbereich einen Buchstaben in den entsprechenden griechischen Buchstaben um. Außerdem wandelt [**Strg**]**G** Zeichen, die nicht aus dem Alphabet stammen, in die entsprechenden griechischen Symbole um. Wenn Sie beispielsweise [**Alt Gr**]**q**[**Strg**]**G** in einem Textbereich eingeben, wird das Zeichen „≅" eingefügt.

Ändern der Breite eines Textbereichs

Bei der Eingabe in einem Textbereich wird dieser entsprechend erweitert und nur umbrochen, wenn der rechte Rand oder die Seitengrenze erreicht ist. (Wählen Sie **Seite einrichten** im Menü **Datei**, um die Position des rechten Seitenrandes einzustellen.) So legen Sie eine bestimmte Breite für den gesamten Textbereich fest:

1. Schreiben Sie so lange, bis die erste Zeile die gewünschte Breite erreicht hat.

2. Geben Sie ein Leerzeichen ein, und drücken Sie [**Strg**][**Eingabetaste**].

Alle anderen Zeilenumbrüche verwenden dann auch diese Breite. Wenn Sie Text einfügen oder bearbeiten, bricht Mathcad den Text gemäß der Vorgabe um, die Sie mit [**Strg**][**Eingabetaste**] festgelegt haben.

So ändern Sie die Breite eines vorhandenen Textbereichs:

1. Klicken Sie irgendwo in den Textbereich. Daraufhin umschließt ein Auswahlfeld den gesamten Textbereich.

2. Bewegen Sie den Zeiger in die Mitte des rechten Randes vom Textbereich, bis Sie einen der Ziehpunkte des Markierungsrechtecks erreicht haben. Der Zeiger ändert sich zu einem Doppelpfeil. Jetzt können Sie mit der Maus die Größe des Textbereichs so wie bei jedem anderen Fenster ändern.

Tipp Sie können festlegen, dass ein Textbereich oder mehrere Textbereiche die ganze Seitenbreite einnehmen, indem Sie im Menü **Format** unter **Eigenschaften** dies entsprechend bestimmen. Gehen Sie auf die Registerkarte **Text** und markieren Sie das Kontrollkästchen **Seitenbreite verwenden**. Wenn Sie mehrere Zeilen in einen Textbereich mit ganzer Seitenbreite eingeben, werden alle darunter liegenden Bereiche auf dem Arbeitsblatt automatisch verschoben.

Text- und Absatzeigenschaften

In diesem Abschnitt erfahren Sie, wie Sie Schrifteigenschaften sowie die Ausrichtung und den Einzug von *Absätzen* in einem Textbereich ändern.

Ändern von Texteigenschaften

Um die Schriftart, die Schriftgröße, den Schriftschnitt, die Position oder die Farbe eines Textes im Textbereich zu ändern, markieren Sie diesen zunächst. Wählen Sie dann **Text** im Menü **Format**, um das Dialogfeld **Textformat** zu öffnen, oder klicken Sie mit der rechten Maustaste und wählen dann **Schriftart** im Kontextmenü.

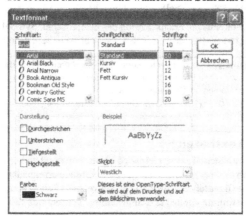

Viele der Optionen im Dialogfeld **Textformat** stehen auch als Schaltflächen und in den Dropdown-Listen der Symbolleiste „Formatierung" zur Verfügung:

Wenn Sie mit der Texteingabe beginnen, werden die Eigenschaften durch Formatvorlage „Normal" bestimmt. Siehe „Textformatvorlagen" auf Seite 60, um mehr über das Erstellen und Ändern von Formatvorlagen zu erfahren. Alle für einen markierten Text geänderten Eigenschaften *überschreiben* die Formatvorlage des betroffenen Absatzes.

Tipp   Wenn sich der Textcursor in einem Text befindet und Sie dessen Texteigenschaften ändern, werden die neuen Eigenschaften vom gesamten Text, den sie mit diesem Textcursor neu eingeben, übernommen.

Sie können die folgenden Texteigenschaften von markiertem Text ändern:

- Schriftart
- Schriftschnitte wie fett oder kursiv
- Schriftgröße
- Effekte wie Tiefstellung und Hochstellung
- Farbe

Schriftgrößen werden in Punkten angegeben. Beachten Sie, dass der Textbereich, in dem Sie sich befinden, durch die Verwendung einer größeren Schriftart benachbarte

Bereiche überlappen kann. Wählen Sie gegebenenfalls den Befehl **Bereiche trennen** im Menü **Format**.

Tipp Sie können festlegen, dass ein Textbereich oder mehrere Textbereiche, wenn sie vergrößert werden, automatisch nachfolgende Bereiche nach unten verschieben, indem Sie im Menü **Format** unter **Eigenschaften** entsprechend auswählen. Gehen Sie auf die Registerkarte **Text** und wählen Sie **Bereiche bei Eingabe nach unten verschieben** aus.

Tipp Zum Erstellen von tief- und hochgestellten Indizes in Texten verwenden Sie die Tastenkürzel **Tiefgestellter Index** und **Hochgestellter Index** der Format-Symbolleiste. Dies ist in Rechen- wie in Textbereichen möglich. Die Tiefstelltaste in Rechenbereichen ergibt einen Feldindex, keinen Literalindex.

Ändern von Absatzeigenschaften

Ein Absatz in einem Textbereich bezeichnet eine Zeichenmenge gefolgt von einer Absatzmarke, die durch Betätigung der [**Eingabetaste**] entsteht. Jedem Absatz können unterschiedliche Eigenschaften, wie z. B. *Ausrichtung, Einzug* der ersten oder aller Zeilen eines Absatzes, *Tabulatoren* und *Aufzählungszeichen* oder *Nummerierung* zugewiesen werden. Durch die Auswahl mehrerer Absätze oder Textbereiche können die Einstellungen auch mehr als nur einem Absatz gleichzeitig zugewiesen werden.

Textabsatzeinstellungen werden durch die Formatvorlage „Normal" bestimmt. Siehe „Textformatvorlagen" auf Seite 60. Alle für einen Absatz geänderten Eigenschaften *überschreiben* die Formatvorlage des betroffenen Absatzes.

Wenn Sie [**Umschalt**][**Eingabetaste**] drücken, fügt Mathcad eine neue Zeile im aktuellen Abschnitt ein, es wird jedoch kein neuer Abschnitt begonnen.

So ändern Sie die Eigenschaften eines Absatzes:

1. Markieren Sie den Absatz, indem Sie darauf klicken. Um mehrere Absätze auszuwählen, halten Sie die rechte Maustaste gedrückt und ziehen Sie ein Fenster über die auszuwählenden Absätze.

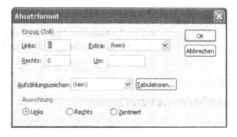

2. Öffnen Sie das Dialogfeld **Absatzformat**, indem Sie im Menü **Format Absatz** auswählen, oder die rechte Maustaste klicken und im Kontextmenü **Absatz** wählen.

Sie können die folgenden Absatzeigenschaften ändern:

Einzug

Um alle Zeilen im Absatz um einen bestimmten Faktor einzurücken, geben Sie Werte in die Textfelder **Links** und **Rechts** ein. Um die *erste* Zeile des Absatzes anders einzurücken als die restlichen Zeilen, wählen Sie in der Dropdown-Liste „Extra" die Option **Erste Zeile** oder **Hängender Einzug** und geben Sie einen Wert ein.

Sie können Einzüge auch mit dem Lineal festlegen. Klicken Sie in einen Absatz, und wählen Sie **Lineal** im Menü **Ansicht**. Bewegen Sie die obere oder untere Markierung, um verschiedene Einzüge für die erste Zeile zu setzen, oder beide Markierungen, um die Einzüge für alle Zeilen des Absatzes zu setzen.

Aufzählungszeichen und nummerierte Listen

Um einen Absatz mit einem Aufzählungszeichen zu beginnen, wählen Sie in der Dropdown-Liste „Aufzählungszeichen" **Aufzählungen**. Wählen Sie in der Dropdown-Liste „Nummerierung" wenn Mathcad aufeinander folgende Absätze im Bereich automatisch nummerieren soll. Sie können auch in der Format-Symbolleiste auf ▦ oder ▦ klicken.

Ausrichtung

Um den Absatz im Bereich rechts- oder linksbündig auszurichten oder den Text im Textbereich zu zentrieren, verwenden Sie die drei Ausrichtungsschaltflächen im Dialogfeld **Absatzformat**. Sie können auch in der Format-Symbolleiste auf eine der drei Ausrichtungsschaltflächen, ▦, ▦, oder ▦ klicken.

Tabulatoren

Um Tabulatoren festzulegen, klicken Sie im Dialogfeld **Absatzformat** auf die Schaltfläche **Tabulatoren**, um das Dialogfeld **Tabulatoren** zu öffnen. Geben Sie im Textfeld **Tabulatorposition** Zahlen ein. Klicken Sie für jeden Tabulator auf **Festlegen** und danach auf **OK**.

Sie können Tabulatoren auch mit dem Textlineal festlegen. Klicken Sie in einen Absatz, und wählen Sie **Lineal** im Menü **Ansicht**. Klicken Sie das Lineal an der Stelle an, an der sich ein Tabulator befinden soll. Daraufhin wird ein Tabulatorsymbol angezeigt. Um einen Tabulator zu entfernen, klicken Sie auf das Tabulatorsymbol, halten Sie die Maustaste gedrückt und ziehen Sie das Symbol vom Lineal weg.

Tipp Um die im Dialogfeld **Absatzformat** oder im Textlineal verwendeten Maßeinheiten zu ändern, wählen Sie **Lineal** im Menü **Ansicht**. Das Textlineal wird eingeblendet. Klicken Sie nun mit der rechten Maustaste auf das Lineal und wählen Sie im Kontextmenü Zoll, Zentimeter, Punkt oder Pica.

Textformatvorlagen

Textformatvorlagen ermöglichen Ihnen, Ihren Arbeitsblättern ein konsistentes Aussehen zu verleihen. Anstatt die Text- und Absatzeigenschaften für jeden Absatz einzeln festzulegen, können Sie auch eine vorhandene Textformatvorlage verwenden.

Jedem Arbeitsblatt ist standardmäßig das Textformat „Normal" mit vordefinierten Text- und Absatzeigenschaften zugeordnet. Sie können bereits vorhandene Textformatvorlagen ändern, neue erstellen und nicht mehr benötigte löschen.

Anwenden einer Textformatvorlage auf einen Absatz in einem Textbereich

Wenn Sie im Arbeitsblatt einen Bereich erstellen, ist dieser automatisch mit der Formatvorlage „Normal" verbunden. Sie können jedoch auch unterschiedliche Formatvorlagen für jeden Absatz verwenden:

1. Klicken Sie in den Absatz.

2. Wählen Sie **Formatvorlage** im Menü **Format** oder klicken Sie mit der rechten Maustaste auf einen Absatz und wählen im Kontextmenü **Formatvorlage**. Eine Liste mit verfügbaren Formatvorlagen wird angezeigt. Welche Textformatvorlagen zur Verfügung stehen, hängt davon ab, welche Vorlage Sie verwenden.

3. Wählen Sie eine Vorlage aus, und klicken Sie auf **Zuweisen**. Dem Absatz werden die entsprechenden Text- und Absatzeigenschaften der Formatvorlage zugewiesen.

Tipp   Sie können eine Formatvorlage auf einen Textabsatz anwenden, indem Sie einfach in den Absatz klicken und links aus der Dropdownliste in der Format-Symbolleiste eine Formatvorlage wählen. Um eine Textformatvorlage auf einen ganzen Textbereich anzuwenden, markieren Sie zuerst den gesamten Text des Textbereichs.

Bearbeiten von vorhandenen Textformatvorlagen

So können Sie Definitionen einer Formatvorlage ändern:

1. Um das Dialogfeld **Textformatvorlagen** mit einer Liste verfügbarer Textformatvorlagen zu öffnen, wählen Sie **Formatvorlage** im Menü **Format**.

2. Wählen Sie die Textformatvorlage aus, die Sie verändern wollen, und klicken Sie auf **Ändern**.

3. Im Dialogfeld **Formatvorlage definieren** wird die Definition der ausgewählten Textformatvorlage angezeigt.

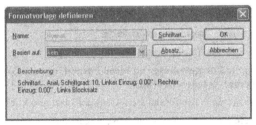

4. Klicken Sie auf **Schriftart**, um Textformate zu ändern, beispielsweise Schriftart, Schriftgröße, Schriftschnitte, Effekte und Farben. Klicken Sie auf **Absatz**, um den Einzug, die Ausrichtung und andere Absatzeigenschaften zu ändern.

Alle Textbereiche, die in dem Arbeitsblatt mit dieser Textformatvorlage erstellt wurden, werden entsprechend geändert.

Erstellen und Löschen von Textformatvorlagen

Sie können neue Textformatvorlagen erstellen oder die löschen, die Sie nicht mehr benötigen. Alle Änderungen von Textformatvorlagen werden zusammen mit dem Arbeitsblatt gespeichert. Eine neue Textformatvorlage kann auf einer bestehenden aufbauen, sodass die Text- oder Absatzeigenschaften übernommen werden. Beispielsweise können Sie eine neue „Unterüberschrift" für eine vorhandene „Überschrift" erstellen, dafür eine kleinere Schrift wählen, die anderen Eigenschaften jedoch unverändert lassen.

Erstellen einer Formatvorlage

So erstellen Sie eine neue Formatvorlage:

1. Wählen Sie **Formatvorlage** im Menü **Format**, um das Dialogfeld **Textformatvorlagen** zu öffnen.

2. Klicken Sie auf **Neu**, um das Dialogfeld **Formatvorlage definieren** anzuzeigen.

3. Geben Sie im Textfeld **Name** den Namen für die neue Formatvorlage ein. Wenn die neue Formatvorlage auf einer bereits vorhandenen basieren soll, wählen Sie eine Formatvorlage aus der Dropdown-Liste „Basiert auf" aus.

4. Klicken Sie auf die Schaltfläche **Schriftart**, um die Schrift für die neue Formatvorlage festzulegen. Klicken Sie auf die Schaltfläche **Absatz**, um die Absatzformate für die neue Formatvorlage festzulegen.

Die von Ihnen neu erstellte Formatvorlage wird nun im Dialogfeld **Textformatvorlagen** angezeigt, und kann jedem Textbereich zugewiesen werden. Wenn Sie das Arbeitsblatt speichern, wird gleichzeitig die Formatvorlage gespeichert. Wenn Sie in zukünftigen Arbeitsblättern die neue Formatvorlage verwenden möchten, speichern Sie das Arbeitsblatt als Vorlage, wie in Kapitel 7, „Verwaltung von Arbeitsblättern", beschrieben. Sie können die Formatvorlage auch in ein anderes Arbeitsblatt kopieren, indem Sie den formatierten Bereich kopieren und einfügen.

Hinweis   Wenn Sie ein neues Textformat auf der Grundlage eines vorhandenen erstellen, werden alle Änderungen, die Sie später am Originaltextformat vornehmen, auch in dem neuen Textformat übernommen.

Löschen einer Textformatvorlage

So löschen Sie eine Textformatvorlage:

1. Wählen Sie **Formatvorlage** im Menü **Format**, um das Dialogfeld **Textformatvorlagen** zu öffnen.

2. Wählen Sie eine Textformatvorlage aus der Liste und klicken Sie auf **Löschen**.

Alle Textbereiche, deren Text- und Absatzeigenschaften mit dieser Formatvorlage definiert wurden, werden weiterhin mit den Eigenschaften dieser Formatvorlage angezeigt.

Gleichungen im Text

In diesem Abschnitt erfahren Sie, wie Sie Gleichungen in Ihre Textbereiche einfügen. In Text eingefügte Gleichungen haben dieselben Eigenschaften wie das übrige Arbeitsblatt.

Einfügen einer Gleichung in Text

Sie fügen eine Gleichung in Text ein, indem Sie innerhalb eines Textbereichs eine neue Gleichung erstellen oder eine vorhandene Gleichung dort einfügen.

So fügen Sie eine neue Gleichung in einen Text ein:

1. Klicken Sie auf eine Stelle im Text, um eine Gleichung einzufügen.

> Die universelle Gravitationskonstante G hat den Wert | und kann dazu verwendet werden, die Beschleunigung eines Objekts mit weniger Masse in Richtung eines Objekts mit größerer Masse zu ermitteln.

2. Wählen Sie **Rechenbereich** im Menü **Einfügen**, oder drücken Sie [**Strg**][**Umschalt**]**A**, um einen Platzhalter einzufügen.

> Die universelle Gravitationskonstante G hat den Wert ▮ und kann dazu verwendet werden, die Beschleunigung eines Objekts mit weniger Masse in Richtung eines Objekts mit größerer Masse zu ermitteln.

3. Geben Sie die Gleichung ein.
4. Wenn Sie mit der Eingabe fertig sind, klicken Sie auf einen beliebigen Text, um zum Textbereich zurückzugelangen. Mathcad passt die Zeilenabstände im Textbereich an den eingebetteten Rechenbereich an.

> Die universelle Gravitationskonstante G hat den Wert $G := 6.67259 \cdot 10^{-11} \cdot \dfrac{m^3}{kg \cdot s^2}$ und kann dazu verwendet werden, die Beschleunigung eines Objekts mit weniger Masse in Richtung eines Objekts mit größerer Masse zu ermitteln.

Sie können auch eine bereits bestehende Gleichung in einen Textbereich einfügen.

Textwerkzeuge

Die Textwerkzeuge von Mathcad sind denen in Textverarbeitungsprogammen sehr ähnlich.

Suchen und Ersetzen

Die Optionen **Suchen** und **Ersetzen** des Mathcad-Menüs **Bearbeiten** können sowohl in Text- als auch in Rechenbereichen eingesetzt werden. Standardmäßig sucht und ersetzt Mathcad jedoch nur Text in Textbereichen.

Suchen von Text

So suchen Sie eine Zeichenfolge:

1. Zum Öffnen des Dialogfelds **Suchen** wählen Sie **Suchen** im Menü **Bearbeiten**.

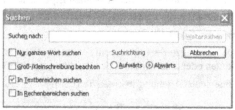

2. Sie können festlegen, ob Mathcad nur Text- oder Rechenbereiche oder auch beide Bereiche durchsuchen soll.

Online-Hilfe In der Hilfe unter **Suchen und Ersetzen** finden Sie Einzelheiten zu den Zeichen, nach denen Sie in Rechen- und Textbereichen suchen können. Viele Sonderzeichen, wie griechische Zeichen, Interpunktionszeichen oder Leerzeichen, können nur in Text- oder in Rechenbereichen vorkommen.

Ersetzen von Zeichen

So suchen und ersetzen Sie Text:

1. Um das Dialogfeld **Ersetzen** aufzurufen, wählen Sie **Ersetzen** im Menü **Bearbeiten**.

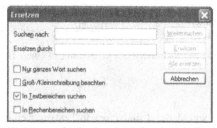

2. Sie können festlegen, ob Mathcad nur in Text- oder Rechenbereichen oder auch in beiden Bereichen suchen und ersetzen soll.

Rechtschreibprüfung

Mathcad kann den Text auf Rechtschreibfehler überprüfen und Korrekturvorschläge anbieten. Außerdem können Sie häufig verwendete Wörter in Ihr persönliches Wörterbuch aufnehmen.

Hinweis Mathcad kann nur die Rechtschreibung von Textbereichen überprüfen.

Sie können die Rechtschreibung von markierten Textbereichen oder auch des gesamten Arbeitsblatts prüfen.

1. Wählen Sie **Rechtschreibung** im Menü **Extras** oder klicken Sie auf das Symbol
    in der Standard-Symbolleiste.

2. Wenn Mathcad ein falsch geschriebenes Wort findet, wird das Dialogfeld
   Rechtschreibprüfung geöffnet. Das falsch geschriebene Wort wird mit einem
   bzw. mehreren Ersetzungsvorschlägen angezeigt. Wenn Mathcad keinen
   Ersetzungsvorschlag hat, wird nur das falsch geschriebene Wort angezeigt.

   Sie haben folgende Möglichkeiten, wenn das Dialogfeld **Rechtschreibprüfung**
   angezeigt wird:

- Um das Wort durch den Ersetzungsvorschlag oder ein anderes Wort aus der
  Vorschlagsliste zu ersetzen, klicken Sie auf **Ändern**.

- Um weitere, aber weniger wahrscheinliche Ersetzungsvorschläge anzuzeigen,
  klicken Sie auf **Vorschlagen**. Falls es keine weiteren Vorschläge gibt, ist die
  Schaltfläche **Vorschlagen** grau abgeblendet.

- Klicken Sie auf **Ändern** und geben Sie das neue Wort in das Feld **Ändern in** ein,
  um das Wort in ein nicht aufgelistetes Wort zu ändern.

- Klicken Sie auf **Ignorieren** oder **Hinzufügen**, um das Wort nicht zu ändern. Wenn
  Sie auf **Ignorieren** klicken, behält Mathcad das Wort bei, setzt die
  Rechtschreibprüfung fort und ignoriert jedes weitere Auftreten dieses Wortes.
  Wenn Sie auf **Hinzufügen** klicken, wird das Wort zu Ihrem persönlichen
  Wörterbuch hinzugefügt.

Wörterbücher zur Rechtschreibprüfung einer Fremdsprache

Es stehen Wörterbücher für die Rechtschreibprüfung in neun verschiedenen Sprachen
zur Verfügung. Diese öffnen Sie in der Registerkarte **Sprache** über das Dialogfeld
Einstellungen im Menü **Extras**. Für einen bestimmten englischen Dialekt wählen Sie
in derselben Registerkarte eine Option unter **Rechtschreibprüfung – Dialekt** aus.

Kapitel 7
Verwaltung von Arbeitsblättern

♦ Arbeitsblätter und Vorlagen

♦ Neuanordnen des Arbeitsblatts

♦ Layout

♦ Schützen einer Region in einem Arbeitsblatt

♦ Verweise auf Arbeitsblätter

♦ Hyperlinks

♦ Verteilung Ihrer Arbeitsblätter

Arbeitsblätter und Vorlagen

Wenn Sie Mathcad verwenden, erstellen Sie eine Arbeitsblattdatei. Die Dateinamenerweiterung für Arbeitsblätter ist MCD.

Wenn Sie in Mathcad ein neues Arbeitsblatt erstellen, können Sie mit einer Standardauswahl beginnen oder eine *Vorlage* mit angepassten Formaten verwenden. Mathcad bietet eine Reihe vordefinierter Vorlagen. Diese können durch Speichern der eigenen Mathcad-Arbeitsblätter als neue Vorlage erweitert werden.

Erstellen eines neuen Arbeitsblatts

Wenn Sie Mathcad starten oder in der Standard-Symbolleiste auf 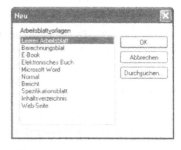 klicken, wird ein leeres Arbeitsblatt mit einer Standard-*Vorlage* (NORMAL.MCT) eingeblendet. Hier können Sie Gleichungen, Diagramme, Text und Bilder in ein Arbeitsblatt eingeben und formatieren sowie Arbeitsblattattribute ändern, z. B. Zahlenformate, Kopf- und Fußzeilen sowie Text- und Rechenformatvorlagen.

So erstellen Sie ein neues Arbeitsblatt auf der Grundlage einer Vorlage:

1. Wählen Sie im Menü **Datei** die Option **Neu**. Mathcad zeigt eine Liste der verfügbaren Arbeitsblattvorlagen an.

2. Wählen Sie eine andere Vorlage außer **Leeres Arbeitsblatt**. Standardmäßig zeigt Mathcad Vorlagen an, die im Ordner VORLAGEN abgelegt sind, und zwar in dem Verzeichnis, in dem Mathcad installiert wurde. Klicken Sie auf **Durchsuchen**, um eine Vorlage in einem anderen Verzeichnis zu finden.

Öffnen eines Arbeitsblattes

Öffnen Sie ein bestehendes Arbeitsblatt, indem Sie **Öffnen** [Strg] O im Menü **Datei** wählen, und durchsuchen Sie Ihre Dateien. Sie können den Pfad auch direkt in das Dateinamenfeld eingeben, einschließlich URLs, z. B.

http://www.mathcad.com/librarycontent/convol.mcd

Speichern Ihres Arbeitsblatts

Zum Speichern eines Arbeitsblattes wählen Sie entweder **Speichern** oder **Speichern unter** im Menü **Datei**. Geben Sie den Dateinamen mit der Erweiterung MCD oder eine andere unten beschriebene Erweiterung ein.

Sie können die Dateien im XML-Format speichern, sodass der Inhalt und die Daten von anderen Anwendungen gelesen werden können. Dies ist möglich, wenn Sie die Dateien mit XMCD oder XMCDZ (komprimiertes XML-Format) speichern. XMCD- und XMCDZ-Dateien können direkt in Mathcad geöffnet und verwendet werden.

Ein Arbeitsblatt kann als HTML-Datei (Hypertext Markup Language) gespeichert werden, um in einem Web-Browser angezeigt werden zu können, oder als RTF-Datei (Rich Text Format), um in den meisten Textverarbeitungsprogrammen geöffnet werden zu können.

Speichern von Arbeitsblättern in einem älteren Format

Arbeitsblätter aus früheren Mathcad-Versionen können in der aktuellen Version geöffnet werden. Dateien, die in der aktuellen Mathcad-Version erstellt werden, können jedoch *nicht* in früheren Versionen geöffnet werden. Mit Mathcad 12 können Arbeitsblätter als eine der folgenden früheren Versionen gespeichert werden: Mathcad 11, Mathcad 2001i, und Mathcad 2001. Bereiche oder Funktionen die in den früheren Versionen nicht vorhanden sind werden als Bitmap dargestellt.

Erstellen einer neuen Vorlage

Wenn Sie Ihr Arbeitsblatt aus einer Vorlage erstellen, werden alle Formatinformationen sowie Text-, Rechen- und Bildbereiche aus der Vorlage in das neue Arbeitsblatt kopiert. Dadurch können Sie die Einheitlichkeit sämtlicher Arbeitsblätter gewährleisten.

In der Vorlage wird Folgendes festgelegt:

- Definitionen aller mathematischen Formatvorlagen (Kapitel 4).
- Definitionen aller Textformatvorlagen (Kapitel 6).
- Randbereiche für das Drucken (siehe „Layout" auf Seite 74).
- Numerische Ergebnisformate und Werte für die vordefinierten Variablen in Mathcad (Kapitel 8).
- Namen für die Grundeinheiten in Mathcad und das Standard-Einheitensystem (Kapitel 8).
- Der Standard-Berechnungsmodus (Kapitel 8).
- Anzeigeoptionen für das Lineal und die Maßeinheiten (siehe „Ausrichten von Bereichen" auf Seite 71).

Für eine neue Vorlage erstellen Sie zuerst ein neues Arbeitsblatt, indem Sie die oben aufgeführten Optionen entsprechend Ihren Wünschen wählen, oder Sie verwenden die

Mathcad-Standardeinstellungen. Das Arbeitsblatt kann auch Gleichungen, Text und Grafiken enthalten, die Sie in weiteren Dateien erneut verwenden möchten. Speichern Sie das Arbeitsblatt als Vorlage. Gehen Sie dazu wie folgt vor:

1. Wählen Sie im Menü **Datei** den Befehl **Speichern unter**.
2. Gehen Sie in dem Verzeichnis, in dem Sie Mathcad installiert haben, zum Ordner VORLAGE.
3. Wählen Sie in der Dropdown-Liste „Speichern unter" den Dateityp **Mathcad-Vorlage** (*.MCT) oder **Mathcad XML-Vorlage** (*.XMCT).
4. Geben Sie einen Namen in das Dateinamenfeld ein.

Ihre Vorlage wird der Liste an Vorlagen hinzugefügt, die angezeigt wird, wenn Sie **Neu** im Menü **Datei** wählen. Wenn Sie Ihre Vorlage nicht im Ordner VORLAGE speichern, können Sie einen anderen auswählen.

Ändern einer Vorlage

So ändern Sie eine vorhandene Vorlage:

1. Wählen Sie im Menü **Datei** die Option **Öffnen**.
2. Wählen Sie in der Dropdown-Liste „Dateityp" die Option **Mathcad-Vorlagen**.
3. Geben Sie den Namen der Vorlage in das Dateinamenfeld ein oder suchen Sie eine Vorlage im Dialogfeld. Arbeitsblatt-Vorlagen werden standardmäßig im Ordner VORLAGEN gespeichert.

Sie können die Vorlage jetzt wie jedes andere Mathcad-Arbeitsblatt bearbeiten.

Tipp   Um die Standardvorlage für ein leeres Arbeitsblatt zu ändern, ändern Sie die Vorlagendatei NORMAL.MCT. Speichern Sie die Originaldatei NORMAL.MCT an einem anderen Ort, um später wieder darauf zurückgreifen zu können.

Hinweis   Änderungen in einer Vorlage wirken sich nur auf Dateien aus, die mit der geänderten Vorlage neu erstellt werden. Sie wirken sich nicht auf Arbeitsblätter aus, die vor den entsprechenden Änderungen erstellt wurden.

Neuanordnen des Arbeitsblatts

In diesem Abschnitt wird beschrieben, wie Sie mathematische Ausdrücke, Bilder und Text in Ihren Arbeitsblättern neu anordnen können.

Hinweis   Sie erhalten eine Gesamtansicht Ihres Arbeitsblatts, indem Sie im Menü **Ansicht** die Option **Zoom** wählen oder in der Standard-Menüleiste auf 100% klicken und eine Vergrößerung auswählen. Sie können dazu auch die Option **Druckvorschau** verwenden.

Auswählen von Bereichen

Um einen einzelnen Bereich auszuwählen, klicken Sie diesen einfach an und es wird ein Markierungsrechteck um den Bereich gezeichnet.

So wählen Sie mehrere Bereiche aus:

1. Drücken Sie die linke Maustaste und halten Sie sie gedrückt.

2. Verschieben Sie die Maus bei gedrückter Maustaste, um so alles einzuschließen, was in Ihrem Markierungsrechteck angezeigt werden soll.

3. Lassen Sie die Maustaste los. Es werden gestrichelte Rechtecke um die ausgewählten Bereiche angezeigt.

Tipp　Sie können ebenso einzelne oder getrennte Bereiche im gesamten Arbeitsblatt auswählen oder aufheben, indem Sie auf die entsprechenden Bereiche klicken und die Taste [**Strg**] gedrückt halten. Wenn Sie auf einen Bereich klicken und mit [**Umschalt**]-Mausklick einen weiteren auswählen, werden diese beiden und alle dazwischen liegenden Bereiche ausgewählt.

Eigenschaften von Bereichen

Im Dialogfeld **Eigenschaften für Bereiche** können Sie, je nach ausgewähltem Bereich, Folgendes ausführen:

* Markieren des Bereichs.

* Anzeigen eines Rahmens um den Bereich.

* Automatisch alles unterhalb eines Textbereiches im Arbeitsblatt nach unten verschieben, wenn der Bereich erweitert wird.

* Aktivieren/Deaktivieren der Auswertung des Bereichs.

* Aktivieren/Deaktivieren des Schutzes für den Bereich.

Sie können die Eigenschaften eines Bereichs oder mehrerer Bereiche ändern, indem Sie die Bereiche auswählen und entweder **Eigenschaften** im Menü **Format** auswählen, oder Sie klicken mit der rechten Maustaste auf einen der Bereiche und wählen dann **Eigenschaften** im Kontextmenü.

Hinweis　Wenn Sie mehrere Bereiche wählen, können Sie nur die Eigenschaften ändern, über die die ausgewählten Bereiche gemeinsam verfügen. Wenn Sie Rechen- und Textbereiche wählen, können Sie keine ausschließlichen Text- oder Rechenoptionen ändern.

Verschieben und Kopieren von Bereichen

Wenn Bereiche ausgewählt sind, können Sie diese verschieben oder kopieren.

Verschieben von Bereichen

Bereiche können durch Ziehen mit der Maus, durch *Ziehen* mit den Pfeiltasten, oder mit den Tasten **Ausschneiden** und **Einfügen** verschoben werden.

So verschieben Sie Bereiche mit der Maus:

1. Markieren Sie die Bereiche.

2. Platzieren Sie den Zeiger am Rand eines ausgewählten Bereichs, sodass der Zeiger als kleine Hand angezeigt wird.

3. Drücken Sie die Maustaste und halten Sie sie gedrückt.

4. Verschieben Sie die Maus. Der Umriss des Rechtecks für die ausgewählten Bereiche folgt dem Cursor.

Um Bereiche in ein anderes Arbeitsblatt zu verschieben, ziehen sie den Umriss des Rechtecks in das gewünschte Arbeitsblatt, dort lassen Sie dann die Maustaste los.

Verschieben von Bereichen mit den Pfeiltasten

Sie können die ausgewählten Bereiche mit den Pfeiltasten auf der Tastatur in verschiedene Richtungen verschieben. Indem Sie die Pfeiltasten einmal drücken, verschieben sich die Bereiche um eine Rastereinheit. Bleibt die Pfeiltaste gedrückt, werden die Bereiche solange verschoben, bis die Pfeiltaste losgelassen wird.

Hinweis Sie können einen Bereich auf einen anderen verschieben. Um bestimmte Bereiche nach oben oder unten zu verschieben, klicken Sie die rechte Maustaste und wählen **Nach vorne** oder **Nach hinten** im Kontextmenü.

Tipp Wenn die Bereiche, die Sie kopieren möchten, innerhalb eines gesperrten Bereichs (siehe „Schützen einer Region in einem Arbeitsblatt" auf Seite 76) oder in einem E-Book liegen, kopieren Sie diese, indem Sie sie einfach mit der Maus auf Ihr Arbeitsblatt ziehen.

Löschen von Bereichen

So löschen Sie Bereiche:

1. Markieren Sie die Bereiche.

2. Wählen Sie **Ausschneiden** im Menü **Bearbeiten**, [**Strg**] **X**.

Mit **Ausschneiden** werden die ausgewählten Bereiche auf Ihrem Arbeitsblatt entfernt, sodass sie an einer anderen Stelle wieder eingefügt werden können. Wenn Sie keine Bereiche verschieben oder speichern möchten, wählen Sie **Löschen** im Menü **Bearbeiten** oder drücken Sie stattdessen [**Strg**] **D**.

Ausrichten von Bereichen

In Ihr Arbeitsblatt eingefügte Bereiche können horizontal und vertikal ausgerichtet werden. Hierfür können Sie Menübefehle, Pfeiltasten oder das Arbeitsblattlineal verwenden.

Verwenden von Menübefehlen

So richten Sie Bereiche horizontal oder vertikal aus:

1. Markieren Sie die Bereiche.

2. Wählen Sie im Menü **Format Bereiche ausrichten > Waagerecht** (horizontal ausrichten) oder **Bereiche ausrichten > Senkrecht** (vertikal ausrichten). Oder klicken Sie auf ▯▯▯ und ▤ in der Standard-Menüleiste.

Wenn Sie Bereiche senkrecht ausrichten, verschiebt Mathcad die Bereiche so, dass deren linke Ecken vertikal ausgerichtet sind. Beim waagerechten Ausrichten von Bereichen, werden die Bereiche so verschoben, dass deren Ankerpunkte horizontal ausgerichtet sind.

Hinweis Die Ausrichtung von Bereichen kann bewirken, dass sich diese versehentlich überlappen. Mathcad gibt eine Warnung aus, wenn dies der Fall ist. Siehe „Trennen von Bereichen" auf Seite 73.

Ausrichten mithilfe des Arbeitsblattlineals

Wählen Sie **Lineal** im Menü **Ansicht**, um das Arbeitsblattlineal oben im Fenster zu öffnen. Wenn sich Ihr Cursor in einem Textbereich befindet, gelten die Linealeinstellungen nur für diesen Bereich, andernfalls gelten sie für das ganze Arbeitsblatt. Sie können Ausrichtungshilfslinien am Lineal einstellen, um Bereiche nach bestimmten Maßen auszurichten.

So stellen Sie Ausrichtungshilfslinien am Lineal ein:

1. Klicken Sie für jede gewünschte Ausrichtungshilfslinie an entsprechender Stelle auf das Lineal. Ein Tabulatorsymbol wird angezeigt.

2. Klicken Sie mit der rechten Maustaste auf ein Tabulatorsymbol und wählen Sie im Kontextmenü **Hilfslinie einblenden**. Grüne Hilfslinien, mit denen Sie Bereiche vertikal verschieben können, werden auf dem Arbeitsblatt eingeblendet.

Tabulatoren und Hilfslinien können auch mithilfe der Optionen **Tabulatoren** im Menü **Format** ausgewählt werden. Geben Sie die Position an, und aktivieren Sie das Kontrollkästchen **Hilfslinien einblenden**. Das **Lineal** für Hilfslinien sollte eingeblendet sein.

Hinweis Die Tabulatoren, die Sie auf dem Lineal einfügen, bestimmen, wohin der Cursor verschoben wird, wenn Sie die [**TAB**]-Taste drücken. Zum Entfernen eines Tabulators klicken Sie auf das Symbol und ziehen es aus dem Lineal heraus.

Zum Verschieben einer Hilfslinie klicken Sie auf den Tabulator im Lineal und ziehen ihn. Um eine Ausrichtungshilfslinie zu entfernen, klicken Sie mit der rechten Maustaste darauf und heben die Markierung **Hilfslinie einblenden** im Dialogfeld auf.

Um den nächsten Bereich, den Sie an einer Hilfslinie erstellen, automatisch einzufügen, drücken Sie die [**TAB**]-Taste an einer leeren Stelle im Arbeitsblatt. Das rote Fadenkreuz springt zum nächsten Tabulator oder zur nächsten Hilfslinie.

Tipp Sie können die Maßeinheiten für das Lineal ändern, indem Sie mit der rechten Maustaste im Kontextmenü **Zoll**, **Zentimeter**, **Punkte**, oder **Pica** wählen. Um das Maßsystem des Lineals für alle Dokumente zu ändern, speichern Sie diese Änderungen als Vorlage NORMAL.MCT ab.

Einfügen und Entfernen von Leerzeilen

Sie können leicht zusätzliche Leerstellen in Ihr Arbeitsblatt einfügen:

1. Klicken Sie auf eine freie Stelle und drücken Sie wiederholt die [**Eingabetaste**].

So entfernen Sie Leerzeichen aus Ihrem Arbeitsblatt:

1. Klicken Sie oberhalb des Leerzeichens, das gelöscht werden soll. Stellen Sie sicher, dass der Cursor die Form eines roten Fadenkreuzes hat. Rechts oder links vom Cursor sollten sich keine Bereiche befinden.

2. Drücken Sie zum Entfernen von Leerzeichen nach dem Cursor die Taste [**Entf**] oder die [**Rücktaste**], um Leerzeichen vor dem Cursor zu entfernen.

Leerzeichen können nicht entfernt werden, wenn diese zu einem Bereich gehören.

Tipp Um eine bestimmte Anzahl an Zeilen schnell in Ihrem Arbeitsblatt zu löschen oder einzufügen, klicken Sie mit der rechten Maustaste auf eine leere Stelle des Arbeitsblatts, wählen Sie im Kontextmenü die Einträge **Zeilen einfügen** oder **Zeilen löschen** und geben die Anzahl der Zeilen in das Dialogfeld ein. Im Dialogfeld wird die maximale Anzahl an Zeilen angezeigt, die gelöscht werden können.

Trennen von Bereichen

Beim Verschieben und Bearbeiten von Bereichen in einem Mathcad-Arbeitsblatt kann es möglicherweise zu überlappenden Bereichen kommen. Überlappende Bereiche stören sich gegenseitig nicht bei Berechnungen, aber Ihr Arbeitsblatt wird dadurch möglicherweise unübersichtlich.

Am besten stellen Sie fest, welche Bereiche sich überlappen, indem Sie im Menü **Ansicht** den Eintrag **Bereiche** wählen. Mathcad zeigt leere Stellen grau an und die Bereiche in der normalen Hintergrundfarbe. Um zur Standardansicht zurückzukehren, wählen Sie im Menü **Ansicht** den Eintrag **Bereiche**.

$$P := \begin{pmatrix} 1 \\ 1 \\ 0 \\ 0 \end{pmatrix} \quad Q := \begin{pmatrix} 1 \\ 0 \end{pmatrix} \quad \overrightarrow{(P \wedge Q)} = \begin{pmatrix} 1 \\ 0 \\ 0 \\ 0 \end{pmatrix}$$

Um alle überlappenden Bereiche zu trennen, wählen Sie im Menü **Format** den Eintrag **Bereiche trennen**. Überall, wo sich Bereiche überlappen, verschiebt dieser Befehl die Bereiche so, dass die Überlappungen verschwinden.

$$P := \begin{pmatrix} 1 \\ 1 \\ 0 \\ 0 \end{pmatrix} \quad Q := \begin{pmatrix} 1 \\ 0 \\ 1 \\ 0 \end{pmatrix}$$

$$\overrightarrow{(P \wedge Q)} = \begin{pmatrix} 1 \\ 0 \\ 0 \\ 0 \end{pmatrix}$$

Hinweis Gehen Sie mit dem Befehl **Bereiche trennen** sehr sorgfältig vor, da das Verschieben von Bereichen möglicherweise die Reihenfolge von Berechnungen ändert. Sie können Bereiche auch einzeln verschieben, mithilfe der [**Eingabetaste**] Zeilen einfügen und die Bereiche so anordnen, dass sie sich nicht mehr überlappen.

Hervorheben von Bereichen

Sie können bestimmte Bereiche hervorheben, indem Sie diese mit einem farbigen Hintergrund darstellen.

1. Klicken Sie einen Bereich an, oder wählen Sie mehrere Bereiche aus.
2. Wählen Sie **Eigenschaften** im Menü **Format**.
3. Klicken Sie auf die Registerkarte **Anzeige**.
4. Aktivieren Sie das Kontrollkästchen **Bereich hervorheben**. Klicken Sie auf **Farbe auswählen**, um eine neue Hintergrundfarbe für den Bereich auszuwählen.

Mathcad stellt den Hintergrund des Bereiches farbig dar.

Ändern der Hintergrundfarbe eines Arbeitsblatts

So ändern Sie die Hintergrundfarbe Ihres gesamten Arbeitsblatts:

1. Wählen Sie **Farbe** im Menü **Format**.

2. Bewegen Sie den Mauszeiger nach rechts, und wählen Sie **Hintergrund**, um die möglichen Farben einzusehen.

Layout

Bevor Sie ein Arbeitsblatt drucken, möchten Sie möglicherweise die Ränder, Papieroptionen, Seitenumbrüche sowie Kopf- und Fußzeilen anpassen.

Einstellen von Rändern, Papierformat, Zufuhr und Ausrichtung

Mathcad-Arbeitsblätter verwenden benutzerdefinierbare Ränder links, rechts, oben und unten. Um die Ränder einzustellen, wählen Sie im Menü **Datei** die Option **Seite einrichten**.

Verwenden Sie die vier Textfelder unten rechts im Dialogfeld **Seite einrichten**, um die Abstände der Ränder zu den entsprechenden Papierrändern festzulegen.

Über das Dialogfeld **Seite einrichten** können Sie auch das Format, die Zufuhr und Ausrichtung ändern. Weitere Informationen zum Drucken in Mathcad finden sie unter „Drucken" auf Seite 82.

Tipp	Um die Rändereinstellungen und andere Layoutoptionen des aktuellen Arbeitsblattes auf andere Arbeitsblätter anzuwenden, speichern Sie das Arbeitsblatt als Vorlage, wie unter „Erstellen einer neuen Vorlage" auf Seite 68 beschrieben.

Seitenumbrüche

Mathcad ermöglicht zwei Arten von Seitenumbrüchen:

- **Automatische Seitenumbrüche.** Mathcad verwendet die Standardeinstellungen für Ihren Drucker und die oberen und unteren Ränder Ihres Arbeitsblatts, um diese Seitenumbrüche automatisch einzufügen. Wenn Sie sich mit der Bildlaufleiste im Arbeitsblatt bewegen, wird ein Seitenumbruch durch eine horizontale gepunktete Linie angezeigt. Automatische Seitenumbrüche können weder entfernt noch eingefügt werden.

- **Manuelle Seitenumbrüche.** Sie können einen Seitenumbruch manuell einfügen, indem Sie den Cursor an der entsprechenden Stelle positionieren und im Menü **Einfügen** den Eintrag **Seitenumbruch** wählen. Manuell eingerichtete Seitenumbrüche werden in Ihrem Arbeitsblatt als horizontale Linie dargestellt.

So verschieben oder entfernen Sie einen manuellen Seitenumbruch:

1. Markieren Sie den manuellen Seitenumbruch mit der Maus. Gehen Sie dabei so vor, wie Sie auch andere Bereiche auf Ihrem Arbeitsblatt markieren. Daraufhin umschließt ein gestricheltes Auswahlfeld den Seitenumbruch.

2. Wählen Sie **Löschen** im Menü **Bearbeiten** oder drücken Sie die Taste [**Entf**].

Tipp   Jeder über einen automatischen oder manuellen Seitenumbruch überlappende Bereich wird standardmäßig auf aufeinanderfolgenden Seiten in Teilen ausgedruckt. Um einen Bereich von einem manuellem Seitenumbruch zu trennen, wählen Sie im Menü **Format** die Option **Bereiche trennen**. Dieser Befehl trennt jedoch keine Bereiche von einem überlappenden *automatischen* Seitenumbruch. Wählen Sie **Seiten jetzt neu umbrechen** im Menü **Format**, sodass Mathcad alle automatischen Seitenumbrüche, die einen Bereich auf aufeinanderfolgenden Seiten in Teilen drucken würde, oberhalb des Bereiches vornimmt.

Definieren von Kopf- und Fußzeilen

Zum Hinzufügen oder Ändern von Kopf- oder Fußzeilen wählen Sie **Kopf- und Fußzeile** im Menü **Ansicht**.

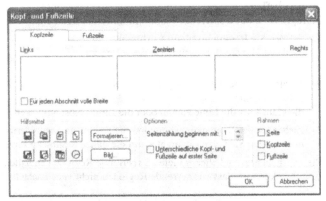

So fügen Sie eine Kopf- oder Fußzeile ein:

1. Klicken Sie auf die Registerkarte **Kopfzeile** oder **Fußzeile**. Um für die erste Seite Ihres Arbeitsblatts eine andere Kopf- bzw. Fußzeile zu erstellen, aktivieren Sie das Kontrollkästchen **Unterschiedliche Kopf- und Fußzeilen auf erster Seite**, und klicken Sie auf die Registerkarte **Kopfzeile – Seite 1** bzw. **Fußzeile – Seite 1**.

2. Geben Sie die Daten für die Kopf- oder Fußzeilen in das Textfeld ein. Der Text, den Sie in die Textfelder **Links**, **Zentriert** und **Rechts** eingeben, wird auf der Seite auch in diesen Positionen angezeigt. Klicken Sie in der Gruppe Hilfsmittel auf die Schaltfläche zum Formatieren, um die Schriftart, den Schriftschnitt, die Ausrichtung oder die Schriftgröße für die Kopf- oder Fußzeile zu ändern. Aktivieren Sie das Kontrollkästchen **Für jeden Abschnitt volle Breite**, wenn Sie möchten, dass Text über die Breite eines Drittels des Arbeitsblattes hinausgeht.

3. Klicken Sie die entsprechende Taste in der Gruppe Hilfsmittel, um Elemente wie z. B. Dateiname, Seitenzahl, aktuelles Datum oder die Uhrzeit automatisch einzufügen. Um ein Bild einzufügen, klicken Sie in der Gruppe mit den Hilfsmitteln auf **Bild**, und suchen Sie dann nach der einzufügenden Bitmap-Datei (BMP-Format).

Tipp   Mathcad beginnt die Seitennummerierung standardmäßig mit Seite 1. Sie können eine andere Seitenanfangszahl unter **Optionen** im Dialogfeld **Kopfzeile- und Fußzeile** einstellen.

Schützen einer Region in einem Arbeitsblatt

Sie können eine Region Ihres Arbeitsblattes schützen, indem diese gesperrt wird. Dann kann kein Anderer außer Ihnen diese Region bearbeiten.

Alle Rechenbereiche innerhalb einer gesperrten oder ausgeblendeten Region werden aber weiterhin berechnet, weil sie sich mitunter auf andere Gleichungen auswirken müssen. Wenn Sie beispielsweise innerhalb einer gesperrten Region eine Funktion definieren, können Sie diese überall unterhalb und rechts von dieser Definition benutzen. Sie können jedoch die Definition der Funktion nicht ändern, es sei denn, Sie heben die Sperre für die Region auf.

Einfügen einer Region

So fügen Sie eine zu sperrende Region in Ihr Arbeitsblatt ein:

1. Wählen Sie **Region** im Menü **Einfügen**. Mathcad fügt die Begrenzung für diese Region in das Arbeitsblatt ein.

2. Wählen Sie eine Begrenzungslinie, so wie Sie jeden anderen Bereich auch wählen, indem Sie die Maus über die Linie ziehen oder die Linie selbst anklicken.

3. Ziehen Sie die Begrenzungslinie, um die Region zu vergrößern oder verkleinern, oder wählen Sie beide Linien aus, um die ganze Region zu verschieben.

Ihr Arbeitsblatt kann beliebig viele zu sperrende Regionen enthalten. Die einzige Einschränkung ist, dass zu sperrende Regionen nicht verschachtelt werden können.

Tipp Um einer Region auf Ihrem Arbeitsblatt einen Namen zuzuweisen, klicken Sie auf **Eigenschaften** im Menü **Format** und geben auf der Registerkarte **Region** einen Namen ein. Die Registerkarte **Region** ermöglicht es Ihnen, auch andere Anzeigeattribute einer Region einzustellen, beispielsweise, ob ein Rahmen oder ein Icon angezeigt werden sollen.

Sperren und Ausblenden einer Region

Schützen Sie die Inhalte einer Region, indem Sie diese sperren.

So sperren Sie eine Region:

1. Klicken Sie in die Region.

2. Wählen Sie **Region > Sperren** im Menü **Format**.

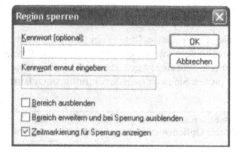

3. Geben Sie, falls gewünscht, ein Kennwort in das Dialogfeld **Region sperren** ein. Das Kennwort kann aus einer beliebigen Kombination aus Buchstaben, Zahlen und anderen Zeichen bestehen.

4. Aktivieren Sie das Kontrollkästchen **Bereich ausblenden**, um den gesperrten Bereich nicht anzuzeigen. Aktivieren Sie „Zeitmarkierung für Sperrung anzeigen", um Datum und Zeitpunkt der Sperrung über und unterhalb der gesperrten Region anzuzeigen.

5. Um die ausgeblendete Region nicht anzuzeigen, klicken Sie mit der rechten Maustaste auf die Region und wählen Sie **Eigenschaften**, und dann die Registerkarte **Region**. Deaktivieren Sie alle Felder um die Region vollkommen auszublenden. Wenn Sie den Mauszeiger über die verborgene Region bewegen, werden zwei gestrichelte Linien angezeigt, die auf deren Position hinweisen.

Die Region ist nun gesperrt. Standardmäßig zeigt Mathcad nun die Zeitmarkierung und kleine Vorhängeschlösser am Begrenzungsrahmen an. Selbst wenn eine Region gesperrt ist, können Sie diese für andere Benutzer zum Erweitern und Ausblenden freigeben, wobei die Region selbst gesperrt bleibt. Sie können eine gesperrte Region ausblenden und erweitern, indem Sie mit der rechten Maustaste auf eine Region klicken, um die Registerkarte **Region** im Dialogfeld **Eigenschaften** zu öffnen.

Hinweis   Wenn Sie das Kennwort für die Region vergessen, bleibt diese Region für Sie dauerhaft gesperrt. Bei der Angabe des Kennworts ist auf die Groß- und Kleinschreibung zu achten.

So blenden Sie eine Region aus, ohne Sie zuvor zu sperren:

1. Klicken Sie in die Region.

2. Wählen Sie **Region > Ausblenden** im Menü **Format**.

Ein ausgeblendeter Bereich wird standardmäßig als einzelne Zeile in Ihrem Arbeitsblatt angezeigt.

Freigeben und Einblenden von Regionen

Wenn Sie Änderungen in einem Bereich innerhalb einer gesperrten Region vornehmen möchten, müssen Sie die Sperre aufheben. Falls die Region ausgeblendet ist, müssen Sie sie einblenden oder erweitern.

So geben Sie eine gesperrte Region frei:

1. Klicken Sie in die Region.

2. Wählen Sie **Region > Freigeben** im Menü **Format**.

3. Sie werden gegebenenfalls nach einem Kennwort gefragt.

So blenden Sie eine ausgeblendete Region wieder ein:

1. Doppelklicken Sie auf die ausgeblendete Begrenzungslinie.

Hinweis   Wenn Sie eine Region ohne Kennwortschutz sperren, können auch Unbefugte die Sperre einfach über **Region > Freigeben** im Menü **Format** aufheben.

Entfernen einer Region

Entfernen sie eine Region wie jeden anderen Bereich auch:

1. Stellen Sie sicher, dass die Region nicht gesperrt ist. Es ist nicht möglich, eine gesperrte Region zu löschen.

2. Wählen Sie eine der beiden Begrenzungslinien, indem Sie die Maus darüber ziehen.

3. Wählen Sie **Ausschneiden** im Menü **Bearbeiten** oder drücken Sie die Taste [Entf].

Gesperrte Regionen kopieren oder verschieben

Mit Mathcad können Sie gesperrte Regionen in neue Dokumente kopieren oder verschieben. Die verschobene Region bleibt mit demselben Kennwort und denselben Zeitmarkierungen gesperrt, kann aber in neue Mathcad-Arbeitsblätter übertragen werden. Dazu klicken Sie zuerst auf die Begrenzung einer Region, um diese auszuwählen. Dann kopieren und verschieben Sie die Region wie jeden anderen Bereich auch.

Arbeitsblattschutz

Wenn Sie Arbeitsblätter verteilen, möchten Sie möglicherweise den Zugriff auf die meisten Bereiche begrenzen. Anstatt lediglich einen oder mehrere Regionen zu sperren, können Sie auch das ganze Arbeitsblatt *schützen*.

Mit Mathcad kann ein Arbeitsblatt auf drei Arten geschützt werden, um sicher zu stellen, dass Benutzer nur bestimmte Bereiche oder keine Bereiche im Arbeitsblatt ändern können.

Online-Hilfe   Weitere Informationen entnehmen Sie bitte der Online-Hilfe unter „Protecting Your Worksheet" (Schützen des Arbeitsblatts) oder den Lernprogrammen für geschützte Arbeitsblätter.

Verweise auf Arbeitsblätter

Sie möchten manchmal Formeln und Berechnungen eines Mathcad-Arbeitsblatts in einem anderen verwenden? Mit Mathcad können Sie in einem Arbeitsblatt auf ein anderes *verweisen* — Sie haben somit Zugriff auf Berechnungen in einem Arbeitsblatt, ohne das dieses geöffnet ist. Bei einem Verweis auf ein anderes Arbeitsblatt werden zwar dessen Formeln in Ihrem aktuellen Arbeitsblatt nicht angezeigt, Ihr Arbeitsblatt verhält sich aber so, als wäre dies der Fall.

So fügen Sie einen Verweis auf ein Arbeitsblatt ein:

1. Doppelklicken Sie auf eine leere Stelle in Ihrem Arbeitsblatt. Der Mauszeiger ändert seine Form zu einem Fadenkreuz.

2. Wählen Sie **Verweis** im Menü **Einfügen**.

3. Klicken Sie auf **Durchsuchen** und wählen Sie ein Arbeitsblatt. Für einen Verweis auf eine Mathcad-Datei im World Wide Web können Sie auch eine Internetadresse (URL) angeben.

Um anzuzeigen, dass ein Verweis eingefügt wurde, wird ein kleines Symbol mit dem Pfadverweis auf das Arbeitsblatt eingeblendet. Alle Definitionen im Arbeitsblatt, auf das verwiesen wird, sind unterhalb und rechts dieses Symbols wirksam. Wenn Sie auf dieses Symbol doppelklicken, öffnet Mathcad das Arbeitsblatt in einem eigenen Fenster zur Bearbeitung. Sie können das Symbol wie jeden anderen Mathcad-Bereich verschieben oder löschen.

[→] Verweis:C:\Program Files\Mathsoft\Mathcad 12\qsheet\welcome.mcd(R)

Hinweis Standardmäßig wird das Zielverzeichnis der Verweisdatei im Arbeitsblatt mithilfe eines absoluten Systempfads oder einer URL gespeichert. Um die Position auf die verwiesene Datei relativ zum Mathcad-Arbeitsblatt mit dem Verweis anzugeben, klicken Sie im Dialogfeld **Verweis einfügen** auf **Relativen Pfad für Hyperlink verwenden**. Der Verweis ist auch dann noch gültig, wenn Sie Dateien verschieben und solange die *relative* Verzeichnisstruktur erhalten bleibt. Um einen relativen Pfad verwenden zu können, müssen Sie zuerst die Datei mit dem Verweis speichern.

Um ein Arbeitsblatt mit einem Verweis zu aktualisieren, nehmen Sie zuerst die Änderungen auf dem Arbeitsblatt vor, auf das verwiesen wird, und speichern dann die Quelldatei. Kehren Sie dann zu dem Arbeitsblatt mit dem Verweis zurück, klicken Sie auf den Verweis und drücken die Taste [**F9**] („Berechnen").

Hyperlinks

Sie können von jeglichen Mathcad-Bereichen, wie z. B. einem Textbereich oder Bild, einen Hyperlink zu anderen Bereichen im selben Arbeitsblatt oder anderen Mathcad-Arbeitsblättern oder gar zu anderen Dateitypen erstellen. Mit Hyperlinks können Sie Gruppen mehrerer Arbeitsblätter oder einfach mit Querverweisen verwandte Bereiche eines Arbeitsblatts oder von Arbeitsblättern verbinden.

Erstellen von Hyperlinks in einer Mathcad-Datei

Mathcad kann Hyperlinks zu jeglichen Arbeitsblättern ausführen, egal ob diese sich auf Ihrem Computer vor Ort oder im Internet befinden.

Um einen Hyperlink von einem Arbeitsblatt zu einem anderen zu erstellen, bestimmen Sie zuerst den Hyperlink, indem Sie einen Textausschnitt oder ein Bild anklicken.

Tipp Wenn Sie sich mit dem Cursor über einem Hyperlink bewegen, verändert sich der Pfeil in eine Hand. Wählen Sie einen Text aus, wird dieser von Mathcad unterstrichen, um ihn als Hyperlink anzuzeigen.

Als nächstes legen Sie das Ziel-Arbeitsblatt fest:

1. Wählen Sie im Menü **Einfügen** die Option **Hyperlink**. Mathcad öffnet das Dialogfeld **Hyperlink einfügen**.

2. Klicken Sie auf **Durchsuchen**, um das Ziel-Arbeitsblatt anzugeben. Sie können auch eine Internetadresse (URL) eingeben.

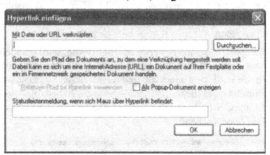

3. Klicken Sie auf **Relativen Pfad für Hyperlink verwenden**, um die Position des Ziel-Arbeitsblatts relativ zu dem Mathcad-Arbeitsblatt anzugeben, das den Hyperlink enthält. Sie können diese Dateien solange verschieben, wie die relative Verzeichnisstruktur erhalten bleibt.

Hinweis Damit die Option **Relativen Pfad für Hyperlink verwenden** verfügbar ist, müssen Sie zunächst das Arbeitsblatt speichern, in dem Sie den Hyperlink einfügen möchten.

4. Aktivieren Sie das Kontrollkästchen **Als Popup-Dokument anzeigen**, wenn das Ziel-Arbeitsblatt in einem kleinen Popup-Fenster angezeigt werden soll.

5. Geben Sie eine Meldung ein, die in der Statusleiste am unteren Fensterrand angezeigt wird, wenn sich die Maus über dem Hyperlink befindet.

Zum Bearbeiten eines Hyperlinks klicken Sie auf das entsprechende Element und wählen **Hyperlink** im Menü **Einfügen**. Nehmen Sie im Dialogfeld **Hyperlink einfügen** beliebige Änderungen vor.

Zum Entfernen eines Hyperlinks klicken Sie auf das entsprechende Element und wählen **Hyperlink** im Menü **Einfügen**. Klicken Sie im Dialogfeld auf **Hyperlink löschen**.

Erstellen von Hyperlinks zwischen Bereichen

Bevor Sie einen Hyperlink zu einem bestimmten Bereich in einem Arbeitsblatt erstellen, müssen Sie den *Bereich* mit einem *Tag* versehen. Ein Tag kann aus mehreren Worten, Zahlen oder Leerzeichen bestehen, jedoch nicht aus Symbolen.

So erstellen Sie einen Bereichs-Tag:

1. Klicken Sie mit der rechten Maustaste auf den Bereich und wählen Sie **Eigenschaften** aus.

2. Im Dialogfeld **Eigenschaften**, unter der Registerkarte **Anzeige**, geben Sie einen Tag in das Textfeld ein.

Hinweis Sie können keine Punkte, wie z. B. Abschnitt 1.3, im Namen für den Tag verwenden, sondern müssen stattdessen Abschnitt 1-3 schreiben.

So erstellen Sie einen Hyperlink zu einem Bereich, der mit einem *Tag* versehen wurde:

1. Klicken Sie auf einen Bereich oder wählen Sie Wörter in Ihrem Arbeitsblatt, und wählen Sie **Hyperlink** im Menü **Einfügen**.

2. Klicken Sie auf **Durchsuchen**, und wählen Sie ein Ziel-Arbeitsblatt, oder geben Sie eine Internetadresse (URL) ein. Sie müssen den Namen des Ziel-Arbeitsblatts nicht eingeben, wenn Sie einen Hyperlink zu einem Bereich in demselben Arbeitsblatt erstellen.

Geben Sie am Ende des Pfads ein Nummernzeichen (#) gefolgt von dem Bereichs-Tag ein. Der vollständige Pfad für Ihren Zielbereich sieht dann z. B. wie folgt aus: **C:\\Dateiname#Bereichs-Tag**. Wenn Sie sich in derselben Datei befinden, sieht der Pfad zu einem anderen Bereich folgendermaßen aus: **#Bereichs-Tag**. Achten Sie darauf, dass das Zeichen # eingeben ist.

Hinweis Sie können das Popup-Fenster nicht verwenden, wenn Sie Regionen innerhalb eines Mathcad-Arbeitsblatts verknüpfen.

Erstellen von Hyperlinks zu anderen Dateien

Sie können einen Hyperlink nicht nur von einem Mathcad-Arbeitsblatt zu einem anderen, sondern auch von einem Mathcad-Arbeitsblatt zu einem anderen Dateityp erstellen. Verwenden Sie diese Funktion, um E-Books oder Container-Dokumente, die Tabellenkalkulationen, Dateien mit Animationen oder sogar Webseiten enthalten, zu erstellen.

Hinweis Wenn Sie auf einen Hyperlink zu einem anderen Dateitypen doppelklicken, wird entweder die Anwendung, mit der die Datei erstellt wurde, oder eine Anwendung, die diesem Dateityp in der Windows Systemregistrierung zugeordnet ist, aufgerufen. Es können jedoch lediglich Mathcad-Dateien als Popup-Fenster angezeigt werden.

Verteilung Ihrer Arbeitsblätter

Mathcad-Arbeitsblätter können über verschiedene Medien wie z. B. das Internet, als E-Mail, im Druckformat und natürlich auch als einzelnes Mathcad-Dokument oder Mathcad-E-Book verteilt werden. Mit den entsprechenden Anwendungen können Mathcad-Arbeitsblätter auch als PDF-Dateien ausgedruckt werden.

Drucken

Um ein Mathcad-Arbeitsblatt auszudrucken, wählen Sie **Drucken** im Menü **Datei**. Über das Dialogfeld **Drucken** können Sie bestimmen, ob das ganze Arbeitsblatt oder nur ausgewählte Seiten oder Bereiche gedruckt werden sollen. Die Darstellung des Dialogfelds ist von der Druckerauswahl abhängig.

Drucken breiter Arbeitsblätter

Mathcad-Arbeitsblätter sind zum Teil breiter als ein Blatt Papier, weil Sie sich auf einem Mathcad-Arbeitsblatt mithilfe der Bildlaufleiste beliebig weit nach rechts bewegen können und Gleichungen, Text und Grafiken an beliebigen Stellen einfügen können. Wenn Sie sich horizontal nach rechts oder links bewegen, sehen Sie gestrichelte vertikale Linien, die die rechten Ränder der aufeinander folgenden „Seiten" darstellen und den Einstellungen für Ihren Drucker entsprechen. Die durch gestrichelte vertikale Linien getrennten Abschnitte Ihrer Arbeitsblätter werden auf separaten Blättern ausgedruckt, obwohl sich die Seitennummer unten im Mathcad-Fenster nicht ändert.

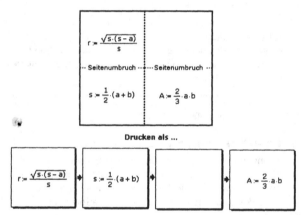

Stellen Sie sich das Arbeitsblatt als in vertikale Streifen zerteilt vor. Mathcad beginnt mit dem Drucken am Anfang eines Streifens und druckt weiter bis zum letzten Bereich dieses Streifens. Anschließend werden alle aufeinander folgenden Streifen gedruckt, und zwar von links nach rechts. Beachten Sie, dass bestimmte Layouts eine oder mehrere leere Seiten hervorrufen können.

Tipp   Sie können aber auch festlegen, ob ein breites Arbeitsblatt in seiner Originalbreite oder als Einzelseite mit Standardbreite ausgedruckt werden soll. Wählen Sie dazu **Seite Einrichten** im Menü **Datei**, um das Dialogfeld **Seite einrichten** zu öffnen. Um also zu vermeiden, dass über den rechten Rand hinaus gedruckt wird, aktivieren Sie das Kontrollkästchen **Breite einer Seite drucken**.

Tipp In Mathcad können Sie die Anzeige einiger Operatoren anpassen, z. B. **: =**, fette Gleichheitszeichen, den Ableitungsoperator und den Multiplikationsoperator. Wählen Sie vor dem Drucken **Arbeitsblattoptionen** im Menü **Tools** und klicken Sie auf die Registerkarte **Anzeige**, um die Darstellung dieser Operatoren für Personen, die sich nicht mit der Mathcad-Notation auskennen, zu ändern.

Druckvorschau

Um das Layout eines Arbeitsblatts vor dem Drucken zu überprüfen, wählen Sie **Druckvorschau** im Menü **Datei**, oder klicken Sie in der Standard-Symbolleiste auf

. Das Mathcad-Fenster zeigt den aktuellen Abschnitt Ihres Arbeitsblatts stark verkleinert an, d. h. so, wie auf dem Ausdruck dargestellt wird. Oben im Fenster sehen Sie eine Reihe verschiedener Schaltflächen:

Tipp Sie können die Ansicht des Arbeitsblatts mithilfe der Schaltflächen vergrößern und verkleinern. Sie können aber auch den Cursor auf die Seite setzen, sodass er in Form einer Lupe angezeigt wird. Klicken Sie, um Ihr Arbeitsblatt zu vergrößern. Wenn Sie die maximale Vergrößerung erreicht haben, wird das Arbeitsblatt durch weiteres Klicken wieder verkleinert.

Die aktuelle Seite kann in der Druckvorschau nicht bearbeitet werden. Um die Seite zu bearbeiten oder das Format zu ändern, gehen Sie zur Normalansicht des Arbeitsblatts zurück, indem Sie auf **Schließen** klicken.

Erstellen von PDF-Dateien

Sie können Dateien auch als Adobe PDF-Datei speichern. Sowie der PDF-Druckertreiber installiert wurde, wählen Sie **Drucken** und aus der Liste der Drucker den PDF-Treiber. Anschließend wählen Sie im Dialogfeld **Drucken** die Option **Ausdruck in Datei**, um eine PDF-Datei zu erstellen, die so, wie sie ist, verteilt oder im Acrobat Distiller weiter verändert werden kann.

Erstellen von E-Books

Wie bereits in Kapitel 3, "Online-Ressourcen", beschrieben, besteht ein elektronisches Buch aus Mathcad-Arbeitsblättern, die über Hyperlinks verknüpft sind. Ein E-Book wird in Mathcad in einem eigenem Fenster geöffnet. Ein E-Book besteht u. a. aus einem Inhaltsverzeichnis, einem Index, einer Anzeigereihenfolge und Suchmöglichkeiten, auf die Sie mit den Schaltflächen der Symbolleiste im Fenster des E-Books zugreifen können. Da ein E-Book aus aktiven Arbeitsblättern besteht, kann der Benutzer den Inhalt und seine Funktionen direkt nutzen.

Online-Hilfe Weitere Einzelheiten zum Erstellen eines Mathcad-E-Books finden Sie online in der *Author's Reference* (Autorenreferenz) im Menü **Hilfe**. Hier finden Sie Hinweise und Methoden, um eine Sammlung von Arbeitsblättern in ein effektiv zu handhabendes Buch umzuwandeln.

Nachdem Sie Ihr E-Book erstellt haben, können Sie und andere es in Mathcad öffnen und mithilfe der Schaltflächen der Symbolleiste im E-Book-Fenster durchblättern. Weitere Informationen zu E-Books und den Navigationshilfen finden Sie in Kapitel 3, „Online-Ressourcen".

Erstellen von Webseiten

Mathcad-Arbeitsblätter können als HTML-Datei ausgegeben werden, um sie im Webbrowser anzuzeigen. Es können alle in Mathcad 12 erstellten HTML-Dateien wieder in Mathcad eingelesen und wie in einem ursprünglichen Mathcad-Arbeitsblatt Berechnungen durchgeführt werden. Die einzige Ausnahme stellen geschützte Dateien dar, die nur als statische HTML–Dateien abgespeichert werden können, ohne dass weitere Berechnungen möglich sind.

Es gibt mehrere Möglichkeiten Bereiche aus Arbeitsblättern in HTML–Dateien darzustellen. Standardmäßig werden alle Textbereiche im HTML-Format ausgegeben. Sie müssen jedoch das Format wählen, in dem Gleichungen, Diagramme und andere Bereichsarten auf einer Webseite gespeichert werden.

Wählen Sie **Als Webseite speichern** im Menü **Datei**, um die Datei im HTML-Format zu speichern. Nachdem Sie einen Dateinamen und eine Position zum Speichern der Datei gewählt haben, klicken Sie auf **Speichern**. Es werden Ihnen mehrere Optionen zum Speichern der Datei angezeigt:

Einstellungen für die Ausgabe von Webseiten

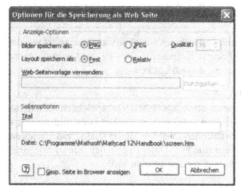

Wählen Sie ein Format für den Export von Bildern im JPEG- oder PNG-Format. PNG ist ein verlustloses Format, das möglicherweise klarere Diagramme und Zeichnungen liefert, während JPEG-Grafiken im Allgemeinen kleiner sind oder auch mit älteren Browserversionen angezeigt werden können. Alle Diagramme, eingebettete Bilder, Tabellen und Gleichungen werden im HTML-Dokument als Bilder ausgegeben.

Feste oder Relative Positionierung und Vorlagen

Wählen Sie, ob ein Dokument mit einem relativen oder festen Layout in HTML exportiert werden soll. Wenn im Optionsfeld **Layout speichern unter Relativ** aktiviert ist, werden Bereiche in einer HTML-Tabelle gespeichert, sodass die relative horizontale und vertikale Platzierung von Bereichen möglichst erhalten bleibt. Diese Funktion ermöglicht das Bearbeiten der Webseite außerhalb von Mathcad und das Einfügen zusätzlicher HTML-Inhalte, wie z. B. Navigationslinks, Bilder usw. Sie müssen dieses Attribut auswählen, um HTML-Vorlagen verwenden zu können.

Wenn die Schaltfläche **Relativ** ausgewählt ist, können Sie nach einer HTML-Vorlagendatei suchen. Vorlagen werden für die Gestaltung von exportierten HTML-Inhalten aus Mathcad-Dateien verwendet. Mit ihnen können Kopf- und Fußzeilen, Navigationslinks und Bilder für ein einheitliches Layout vieler Dateien hinzugefügt werden, um die Erstellung von umfangreichen Webseiten zu erleichtern. Vorlagedateien müssen mit MLT-Erweiterungen gespeichert werden und dieselbe Struktur wie HTML-Vorlagen verwenden. MLT-Beispiele sind im Vorlagenordner des Mathcad-Verzeichnisses zu finden. Beachten Sie, dass diese MLT-Vorlagen *Ausgabe*-Vorlagen sind und nicht Eingabevorlagen wie diejenigen, die Sie zur Formatierung von Mathcad-Dokumenten in Mathcad verwenden.

Wenn Sie das Optionsfeld **Fest** aktivieren, wird jeder Mathcad-Bildbereich oder Textblock auf einer Webseite fest positioniert. Dadurch wird in der Webseite das Originaldokument zwar sehr getreu dargestellt, aber das Einfügen neuer Elemente außerhalb Mathcads deutlich erschwert. Weitere Anweisungen und Tipps zum Veröffentlichen von Webseiten mit Mathcad finden Sie online unter **Author's Reference** (Autorenreferenz) im Mathcad-Menü **Hilfe**.

Abschließend können Sie einen neuen Titel für Ihre Seite wählen, und die Seite dann sofort in Ihrem Standard-Webbrowser öffnen.

Sie können Mathcad–Dokumente auch im HTML-Format speichern, indem Sie **Speichern unter** im Menü **Datei** und dann **HTML-Datei** aus dem Dropdown-Listeneintrag „Dateityp" wählen. Es wird nicht, wie oben abgebildet, das Dialogfeld mit bestimmten Eigenschaften angezeigt. Optionen für HTML-Dateien können geändert werden, indem Sie **Einstellungen** im Menü **Extras** wählen und die Auswahl über die Registerkarte **HTML-Optionen** verändern.

Mit dem Internet Explorer von Microsoft kann Mathcad für die Bearbeitung von Arbeitsblättern aktiviert werden, die im HTML-Format gespeichert wurden. So bearbeiten Sie HTML-Dateien, die mit Mathcad über den Internet Explorer als Browser erstellt wurden:

1. Öffnen Sie das im HTML-Format gespeicherte Arbeitsblatt mit dem Internet Explorer.

2. Wählen Sie im Menü **Datei** die Option **Mit Mathcad bearbeiten**.

Bearbeiten Sie die Datei wie gewohnt und speichern Sie sie anschließend. Die Datei wird im HTML-Format gespeichert.

Hinweis Wenn Sie ein Mathcad-Arbeitsblatt im HTML-Format speichern, wird eine HTML-Datei und ein Verzeichnis mit dem Namen „[Dateiname]_Bilder" mit allen vorhandenen Bilddateien erstellt. Vergessen Sie beim Kopieren von Dateien auf Ihren Server nicht, das vorhandene Bildverzeichnis mit zu übertragen.

Speichern des Arbeitsblatts in Microsoft Word

So speichern Sie ein Arbeitsblatt, um es mit Microsoft Word zu verteilen:

1. Gehen Sie mit der Bildlaufleiste zum Ende des Arbeitsblattes, um alle berechneten Ergebnisse zu aktualisieren, oder drücken Sie **Berechnen > Arbeitsblatt berechnen** im Menü **Extras** oder drücken Sie die Tasten [**Strg**][**F9**].

2. Wählen Sie im Menü **Datei** den Befehl **Speichern unter**.

3. Wählen Sie im Dialogfeld **Speichern unter** in der Dropdown-Liste „Dateityp" die Option .RTF (RTF-Datei).

4. Geben Sie einen Dateinamen ein und klicken Sie auf **Speichern**.

Wenn Sie eine .RTF-Datei mit Microsoft Word öffnen, kann der Text bearbeitet werden. Es ist jedoch nicht mehr möglich, Rechenbereiche und Diagramme zu bearbeiten, die in Bilder umgewandelt wurden. Die Bereiche werden nicht an der richtigen Position auf der Seite dargestellt, außer Sie wählen unter Word die Option **Seitenlayout** im Menü **Ansicht**.

Tipp   Alle Bereiche, die rechts außerhalb des rechten Randes in Mathcad liegen, werden in Microsoft Word nicht angezeigt. Für eine optimale Umwandlung in Word sollten Sie in Mathcad als Randeinstellung dieselben Standardwerte wie in Word verwenden (1,25 Zoll rechts und links, und 1 Zoll oben und unten) oder mit der Mathcad-Vorlage **Microsoft Word.mct** unter **Datei > Neu** beginnen.

Mathcad-Objekte können durch Ziehen und Ablegen eines oder mehrerer Bereiche von Mathcad nach Microsoft Word eingefügt werden. Siehe „Einfügen von Objekten" auf Seite 124.

Sie können auch einfach einen Text in einem Mathcad-Textbereich markieren, kopieren und mit der Option **Einfügen** nach Microsoft Word verschieben.

Versenden per E-Mail

Wenn Sie eine Microsoft's Mail API (MAPI)-kompatible E-Mail-Anwendung verwenden, können Sie E-Mail-Nachrichten von Mathcad aus erstellen. Durch Klicken auf **Datei > Senden** wird eine E-Mail-Nachricht mit der Kopie des aktiven Mathcad-Arbeitsblatts als Anhang aufgerufen.

Tipp   Die Einstellungen Ihres E-Mail-Systems bestimmen, wie Mathcad-Arbeitsblätter an eine Nachricht angefügt werden.

Kapitel 8
Berechnungen in Mathcad

- ♦ Definieren und Auswerten von Variablen
- ♦ Definieren und Auswerten von Funktionen
- ♦ Einheiten und Dimensionen
- ♦ Ergebnisse
- ♦ Steuern von Berechnungen
- ♦ Fehlermeldungen

Definieren und Auswerten von Variablen

Variablen ermöglichen Ihnen das Definieren von Werten zur Auswertung von Ausdrücken und Lösung von Gleichungen.

Definieren von Variablen

Eine Variablendefinition weist einer Variablen einen Wert zu, der überall unterhalb und rechts von dieser Definition im Arbeitsblatt genutzt werden kann. So definieren Sie eine Variable:

1. Geben Sie den Variablennamen ein.

   $$KE$$

2. Geben Sie einen Doppelpunkt [:] ein, oder klicken Sie in der Symbolleiste „Taschenrechner" auf . Das Definitionssymbol (:=) und ein leerer Platzhalter rechts daneben werden angezeigt.

   $$KE := \blacksquare$$

3. Geben Sie einen Ausdruck ein, um die Definition zu vervollständigen. Dieser Ausdruck kann Zahlen sowie bereits definierte Variablen und Funktionen enthalten.

   $$KE := \frac{1}{2} \cdot 0.98^2$$

Auf der linken Seite des Zeichens „:=" kann Folgendes stehen:

- Ein einfacher Variablenname, wie z.B. x.
- Ein Variablenname mit einem tiefgestellten Index wie z.B. v_i.
- Eine Matrix, deren Elemente aus den oben beschriebenen Komponenten bestehen können, z.B.: $\begin{bmatrix} x \\ y_1 \end{bmatrix}$. Auf diese Weise können Sie mehrere Variablen gleichzeitig definieren: jedes Element auf der rechten Seite wird gleichzeitig dem entsprechenden Element auf der linken Seite zugewiesen.
- Ein Funktionsname mit einer Argumentliste, die nur einfache Variablennamen enthält, z.B.: $f(x, y, z)$. Weitere Informationen zu Namen finden Sie im nächsten Abschnitt.

- Einen Wert mit hochgestelltem Index, z.B.: $\mathbf{M}^{\langle 1 \rangle}$.

Namen

Ein *Name* in Mathcad ist nichts weiter als eine von Ihnen eingegebene Zeichenfolge, die auf eine in Berechnungen verwendete Variable oder Funktion verweist.

Vordefinierte Namen

Die in Mathcad vordefinierten Namen enthalten vordefinierte *Variablen* und vordefinierte *Funktionen*.

- Bestimmte *vordefinierte* Variablen haben entweder einen konventionellen Wert wie π (3.14159...) oder e (2.71828...) oder dienen als Systemvariablen zur Steuerung der in Mathcad ausgeführten Berechnungen (siehe „Vordefinierte Variablen" auf Seite 89).

- Neben diesen vordefinierten Variablen behandelt Mathcad auch die Namen aller vordefinierten *Einheiten* als vordefinierte Variablen. Beispielsweise erkennt Mathcad den Namen „A" als Ampere, „m" als Meter, „s" als Sekunde usw. Wählen Sie **Einheit** im Menü **Einfügen**, oder klicken Sie in der Symbolleiste „Standard" auf ⨁, um die in Mathcad vordefinierten Einheiten anzuzeigen (siehe „Einheiten und Dimensionen" auf Seite 100).

- Wählen Sie **Funktion** im Menü **Einfügen**, oder klicken Sie in der Symbolleiste „Standard" auf ⨍⦵, um die in Mathcad vordefinierten Funktionen anzuzeigen.

Benutzerdefinierte Variablen- und Funktionsnamen

Namen in Mathcad können die folgenden Zeichen enthalten:

- Groß- und Kleinbuchstaben.
- Die Ziffern 0 bis 9, obwohl ein Name nicht mit einer Ziffer beginnen darf.
- Den Unterstrich [_].
- Das Strichsymbol [']. Dieses Symbol entspricht nicht dem Apostroph. Sie fügen es ein, indem Sie [**Strg**][**F7**] drücken.
- Das Prozentzeichen [%].
- Griechische Buchstaben. Um einen griechischen Buchstaben einzufügen, klicken Sie auf eine Schaltfläche in der Symbolleiste „Griechisch", oder geben Sie den entsprechenden lateinischen Buchstaben ein, und drücken Sie [**Strg**]G (siehe „Griechische Buchstaben" auf Seite 28).
- Das Zeichen für Unendlichkeit ∞ fügen Sie ein, indem Sie in der Symbolleiste „Differential/Integral" auf ∞ klicken oder [**Strg**][**Umschalt**]Z drücken. Dieses Symbol darf nur das erste Zeichen in einem Namen sein.
- Hier einige Beispiele für gültige Namen:

```
Alpha               b
xyz700              A1_B2_C3_D4%%%
F1'                 a%%x
```

Hinweis   Mathcad unterscheidet Groß- und Kleinschreibung. Zum Beispiel ist die Variable *diam* nicht mit *DIAM* identisch. Mathcad unterscheidet auch zwischen Namen mit unterschiedlichen Schriftarten, wie unter „Rechenformatvorlagen" auf Seite 38 beschrieben ist. *Diam* ist also eine andere Variable als **Diam**.

Online-Hilfe   Hinweise über Einschränkungen und weitere Details sind in den Informationen über Variablen- und Funktionsnamen in der Online-Hilfe enthalten.

Tiefgestellte Literalindizes

Wenn Sie in den Namen einer Variablen einen Punkt eingeben, zeigt Mathcad alle nach dem Punkt eingegebenen Zeichen tiefgestellt an. Diese *tiefgestellten Literalindizes* können Sie zur Erstellung von Variablen mit Namen wie vel_{init} und u_{air} verwenden.

So erstellen Sie einen tiefgestellten Literalindex:

1. Geben Sie den Text ein, der vor dem tiefgestellten Index erscheinen soll.

   vel|

2. Geben Sie dann einen Punkt (.) ein, gefolgt von dem Text, der den tiefgestellten Index ergeben soll.

   vel init|

Tipp   Verwechseln Sie tiefgestellte Literalindizes nicht mit *Feldindizes*. Einen Feldindex erstellen Sie, indem Sie die öffnende eckige Klammer ([ ) eingeben oder in der Symbolleiste „Matrix" auf

 klicken. Der Literalindex erscheint wie der Feldindex unterhalb der Eingabezeile, allerdings mit einem kleinen Abstand vor dem tiefgestellten Teil. Obwohl das Erscheinungsbild beider Indizes sehr ähnlich ist, verhalten sie sich in Berechnungen völlig unterschiedlich. Ein tiefgestellter Literalindex ist einfach nur ein optischer Teil des Namens und wirkt sich nicht auf Berechnungen aus. Ein Feldindex aber stellt einen Verweis auf ein Feldelement dar. Siehe Kapitel 5, „Bereichsvariablen und Felder".

Vordefinierte Variablen

Zahlreiche vordefinierte Variablen haben entweder einen konventionellen Wert, wie beispielsweise π und e, oder werden als Systemvariablen zur Steuerung der Funktionen in Mathcad verwendet.

Hinweis   Mathcad betrachtet die Namen aller vordefinierten Einheiten als vordefinierte Variablen. Siehe „Einheiten und Dimensionen" auf Seite 100.

Obwohl die vordefinierten Variablen in Mathcad beim Start des Programms bereits Werte enthalten, können Sie diese neu definieren. Wenn Sie beispielsweise eine Variable mit dem Namen e mit einem anderen als dem von Mathcad vorgegebenen Wert verwenden möchten, müssen Sie eine neue Definition eingeben, z. B. $e := 2$. Die Variable „e" nimmt überall im Arbeitsblatt unterhalb und rechts von der neuen Definition den neuen Wert an. Sie können auch eine globale Definition für die Variable eingeben, wie im Abschnitt „Globale Definitionen" auf Seite 92 beschrieben.

Hinweis   Die vordefinierten Variablen in Mathcad sind für alle Schriftarten, -größen und -schnitte definiert. Wenn Sie also e wie oben neu definieren, können Sie als Basis für den natürlichen Logarithmus immer noch z. B. **e** verwenden.

Sie können einige der in Mathcad vordefinierten Variablen verändern, ohne sie explizit in Ihrem Arbeitsblatt definieren zu müssen. Wählen Sie hierzu im Menü **Extras** den Befehl **Arbeitsblattoptionen**, und klicken Sie auf die Registerkarte **Vordefinierte Variablen**.

Zu jeder dieser Variablen können Sie neue Werte eingeben. Wählen Sie anschließend **Berechnen > Arbeitsblatt** im Menü **Extras** , um zu überprüfen, ob die neuen Werte in allen vorhandenen Gleichungen verwendet werden.

Die Zahlen in Klammern rechts von den Variablennamen zeigen die Standardwerte für diese Variablen an.

Numerische Auswertung von Ausdrücken

So werten Sie einen Ausdruck numerisch aus:

1. Geben Sie einen Ausdruck mit einer gültigen Kombination aus Zahlen, Variablen und Funktionen ein. Alle Variablen oder Funktionen sollten in Ihrem Arbeitsblatt bereits definiert sein.

2. Drücken Sie die Taste =, oder klicken Sie in der Symbolleiste „Taschenrechner" auf $\boxed{=}$. Mathcad berechnet den Wert des Ausdrucks und zeigt ihn hinter dem Gleichheitszeichen an.

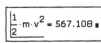

Tipp Bei jeder Auswertung eines Ausdrucks zeigt Mathcad einen Platzhalter am Ende der Gleichung an. Dieser Platzhalter ist für das Umrechnen von Einheiten vorgesehen, wie unter „Ergebnisse" auf Seite 102 beschrieben. Sobald Sie außerhalb des Bereichs klicken, blendet Mathcad den Platzhalter aus.

Abbildung 8-1 enthält einige Ergebnisse, die aus den oben gezeigten Variablendefinitionen berechnet wurden.

$$t := 11.5$$

$$s := 100$$

$$v := \frac{s}{t} \qquad v = 8.696$$

$$m := 15 \qquad m \cdot v = 130.435$$

$$KE := \frac{1}{2} \cdot m \cdot v^2 \qquad KE = 567.108$$

Abbildung 8-1: Berechnung von Bewegung bei konstanter Geschwindigkeit aufgrund einfacher Variablendefinitionen.

Auswerten eines Arbeitsblatts in Mathcad

Mathcad-Arbeitsblätter werden von oben nach unten und von links nach rechts gelesen. Das bedeutet, dass sich eine Variablen- oder Funktionsdefinition, die das Zeichen „: =" enthält, auf alles auswirkt, was unterhalb und rechts davon steht.

Um die Bereiche auf Ihrem Arbeitsblatt besser zu erkennen, wählen Sie im Menü **Ansicht** den Eintrag **Bereiche**. Mathcad zeigt den leeren Platz grau an, die Bereiche in der normalen Hintergrundfarbe.

Abbildung 8-2 zeigt Beispiele für die Platzierung von Gleichungen auf einem Arbeitsblatt und deren Auswirkung auf die Ergebnisse. In der ersten Gleichung sind sowohl x als auch y hervorgehoben dargestellt (Mathcad zeigt sie auf dem Bildschirm rot an). Das bedeutet, dass sie nicht definiert sind, weil die Definitionen von x und y unterhalb der Stelle im Arbeitsblatt liegen, an der die Variablen verwendet werden. Da Mathcad das Arbeitsblatt von oben nach unten auswertet, kann es die Werte von x und y nicht kennen.

Die zweite Gleichung dagegen befindet sich unterhalb der Definitionen von x und y. Das heißt, dass Mathcad in diesem Fall den beiden Variablen x und y bereits Werte zugewiesen hat.

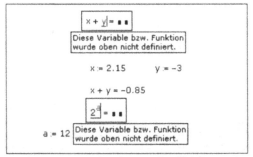

Abbildung 8-2: Mathcad wertet die Gleichungen in einem Arbeitsblatt von oben nach unten aus. Sie müssen Variablen also oberhalb der Stelle definieren, wo sie verwendet werden.

Hinweis Sie können eine Variable in einem Arbeitsblatt mehrmals definieren. Mathcad verwendet die erste Definition für alle Ausdrücke, bis die Variable neu definiert wird. Ab dann wird die neue Definition verwendet.

Globale Definitionen

Globale Definitionen verhalten sich fast genauso wie lokale Definitionen. Der einzige Unterschied liegt darin, dass sie vor den lokalen Definitionen ausgewertet werden. Wenn Sie Variablen oder Funktionen mittels einer globalen Definition definieren, werden diese allen lokalen Definitionen in Ihrem Arbeitsblatt zur Verfügung gestellt, unabhängig davon, ob die lokale Definition oberhalb oder unterhalb der globalen Definition steht.

So geben Sie eine globale Definition ein:

1. Geben Sie einen Variablen- oder Funktionsnamen ein.
2. Drücken Sie die Tilde-Taste [~], oder klicken Sie in der Symbolleiste „Auswertung" auf .
3. Geben Sie einen Ausdruck ein. Der Ausdruck kann Zahlen oder global definierte Variablen und Funktionen enthalten.

Globale Definitionen können für Funktionen, indizierte Variablen und alle Ausdrücke verwendet werden, auf die das Definitionssymbol „:=" angewendet werden kann.

Hinweis Eine globale Variablendefinition kann durch eine lokale Definition für denselben Variablennamen mithilfe des Definitionssymbols „:=" überschrieben werden.

Abbildung 8-3 zeigt die Ergebnisse einer globalen Definition der Variablen *R*, die am unteren Rand der Abbildung dargestellt wird.

$$V := 1000 \qquad n := 3 \qquad T := 373$$

$$P := \frac{n \cdot R \cdot T}{V} \qquad P = 0.092$$

$$V := 500 \qquad T := 323$$

$$P := \frac{n \cdot R \cdot T}{V} \qquad P = 0.159$$

$$R \equiv .0820562$$

Abbildung 8-3: Verwenden des globalen Definitionssymbols. Der erste Satz Definitionen wird für die Lösung für P verwendet. Da R global am Ende des Arbeitsblattes definiert ist, gilt diese Definition im gesamten Arbeitsblatt. Werden die lokalen Definitionen für V und T geändert, bedeutet dies ein neues Ergebnis für P.

Tipp	Es empfiehlt sich, nur eine Definition je globaler Variable zuzulassen. Die Definition einer Variablen mit zwei verschiedenen globalen Definitionen bzw. mit einer globalen und einer lokalen Definition könnte ein zukünftiges Ändern oder Verstehen des Arbeitsblattes erschweren.

Bereichsvariablen

Iterative Prozesse in Mathcad-Arbeitsblättern sind von *Bereichsvariablen* abhängig. Eine Beschreibung komplexerer iterativer Operationen, die Sie mithilfe der Programmieroperatoren in Mathcad ausführen können, finden Sie im Programmierabschnitt der Online-Hilfe.

Verwenden von Bereichsvariablen

Informationen über das Definieren von Bereichsvariablen finden Sie unter „Erstellen von Bereichsvariablen" auf Seite 44. Informationen zum Definieren von Bereichsvariablen mit einer anderen Schrittweite als 1 finden Sie im Abschnitt „Bereichsarten" auf Seite 94. Nach der Definition nimmt die Bereichsvariable den gesamten Wertebereich an, und zwar *jedes Mal, wenn Sie sie verwenden.*

Es ist *nicht* möglich, eine andere Variable als Bereichsvariable zu definieren. Wenn Sie beispielsweise *j* wie oben gezeigt definiert haben und jetzt $i := j + 1$ definieren, nimmt Mathcad an, dass Sie eine skalare Variable als Bereichsvariable definieren möchten, und gibt eine entsprechende Fehlermeldung aus.

Ein Anwendungsbereich von Bereichsvariablen ist das Füllen der Elemente eines Vektors oder einer Matrix. Sie definieren die Vektorelemente, indem Sie eine Bereichsvariable als Index verwenden. So definieren Sie beispielsweise x_j für jeden Wert von *j*:

Drücken Sie **x[j [Umschalt]; j [Umschalt]6
2[Leertaste]+1**.

$$x_j := j^2 + 1$$

Abbildung 8-4 zeigt den Vektor aus den durch diese Gleichung errechneten Werten. Weil es sich bei *j* um eine Bereichsvariable handelt, wird die gesamte Gleichung für jeden Wert von *j* ein Mal ausgewertet. Damit wird x_j für jeden Wert von *j* von 0 bis 15 definiert.

Tipp	Die Berechnung von Gleichungen mit Bereichsausdrücken nimmt mehr Zeit in Anspruch, weil für jede Gleichung mehrere Berechnungen erforderlich sind. Während der Berechnung ändert sich die Form des Mauszeigers. Siehe „Unterbrechen von Berechnungen" auf Seite 109.

$$j := 0 .. 15$$

$$x_j := j^2 + 1$$

$$x_j =$$

1
2
5
10
17
26
37
50
65
82
101
122
145
170
197
226

$x_0 = 1$

$x_1 = 2$

$x_3 = 10$

$x_7 = 50$

$x_{11} = 122$

$x_{15} = 226$

Abbildung 8-4: Definieren der Werte eines Vektors mithilfe von Bereichsvariablen.

Bereichsarten

Die oben beschriebene Definition von *j* als Bereich von 0 bis 15 ist ein Beispiel für eine Definition der einfachsten Art von Bereichen. Mathcad ermöglicht die Verwendung von Bereichsvariablen mit beliebigen Anfangs- und Endwerten und mit beliebigen Schrittweiten.

Um eine Bereichsvariable mit einer anderen Schrittweite als 1 zu definieren, geben Sie eine Gleichung dieser Form ein:

`k:1,1.1;2`

Dies wird in Ihrem Arbeitsblattfenster angezeigt als:

`k := 1,1.1.. 2`

In dieser Bereichsdefinition gilt:

*   Die Variable *k* ist der Name der Bereichsvariablen.
*   Die Zahl 1 ist der erste Wert, der von der Bereichsvariablen *k* angenommen wird.
*   Die Zahl 1.1 ist der zweite Wert im Bereich. *Beachten Sie, dass es sich dabei nicht um die Schrittweite handelt.* Die Schrittweite in diesem Beispiel beträgt 0.1, also die Differenz zwischen 1.1 und 1. Lassen Sie das Komma und 1.1 aus, geht Mathcad von einer Schrittweite von 1 in jeder Richtung (aufwärts oder abwärts) aus.
*   Die Zahl 2 ist der letzte Wert im Bereich. Dieses Beispiel zeigt einen Bereich mit ansteigenden Werten. Sähe Ihre Definition stattdessen so aus: *k* := 10 .. 1, würde *k* von 10 auf 1 heruntergezählt. Ist die dritte Zahl in der Bereichsdefinition keine gerade Zahl von Schritten ab dem Anfangswert, geht der Bereich nicht darüber hinaus. Wenn Sie zum Beispiel Folgendes definieren: *k* := 10,20 .. 65, erhält *k* die Werte 10, 20, 30, . . ., 60.

Hinweis   In Bereichsdefinitionen können beliebige skalare Ausdrücke verwendet werden. Dabei muss es sich jedoch immer um *reelle* Zahlen handeln.

Vordefinierte Funktionen

Mathcad bietet eine große Auswahl vordefinierter Funktionen. So fügen Sie eine Funktion ein:

1. Klicken Sie auf einen leeren Bereich auf Ihrem Arbeitsblatt oder in einen Platzhalter.

2. Wählen Sie **Funktion** im Menü **Einfügen**, oder klicken Sie in der Symbolleiste „Standard" auf , um das Dialogfeld **Funktion einfügen** zu öffnen.

3. Wählen Sie eine Funktionskategorie, oder klicken Sie auf **Alle**, um eine alphabetisch sortierte Liste aller Funktionen zu erhalten.

4. Doppelklicken Sie auf den Namen der Funktion, die eingefügt werden soll, oder klicken Sie auf **Einfügen**. Die Funktion und die Platzhalter für ihre Argumente werden in das Arbeitsblatt eingefügt.

$$\text{acos}(\blacksquare)$$

5. Füllen Sie die Platzhalter aus.

$$\text{acos}(.866)$$

Wenn Sie eine Funktion auf einen Ausdruck anwenden wollen, der bereits eingegeben wurde, markieren Sie den Ausdruck, und befolgen Sie die obigen Anweisungen. Siehe Kapitel 4, „Arbeiten mit mathematischen Ausdrücken".

Sie können auch den Namen einer vordefinierten Funktion in einen Platzhalter oder einen Rechenbereich eingeben.

Tipp   Bei Funktionsnamen wird nach Groß-/Kleinschreibung, aber nicht nach Schriftart unterschieden. Wenn Sie den Funktionsnamen nicht über das Dialogfeld **Funktion einfügen** einfügen, müssen Sie ihn genau so in einen Rechenbereich eingeben, wie er im Dialogfeld **Funktion einfügen** dargestellt ist.

Hinweis   Klammern ([]) um ein Argument zeigen an, dass das Argument optional ist.

Hilfe bei der Verwendung vordefinierter Funktionen

Mathcad bietet mehrere Hilfequellen, die Sie bei der Verwendung vordefinierter Funktionen unterstützen:

- Im Dialogfeld **Funktion einfügen** können Sie Funktionen nach Kategorie suchen, die erforderlichen Argumente ermitteln und eine kurze Beschreibung der Funktion anzeigen. Klicken Sie auf das Fragezeichen (**?**) im Dialogfeld **Funktion einfügen**, um das Hilfethema zu der ausgewählten Funktion anzuzeigen.

- In der Online-**Hilfe** bzw. durch Anklicken von ⟦?⟧ in der Symbolleiste „Standard" erhalten Sie detaillierte Informationen über Syntax, Argumente, Algorithmen und Verhalten aller in Mathcad vordefinierten Funktionen, Operatoren und Schlüsselwörter.

- Die „QuickSheets" unter dem Menü **Hilfe** enthalten praktische Beispiele vieler Funktionen.

Anwenden einer Funktion auf einen Ausdruck

Verwandeln eines Ausdrucks in das Argument einer Funktion

1. Klicken Sie in den Ausdruck, und drücken Sie die [**Leertaste**], bis der gesamte Ausdruck, $w \cdot t - k \cdot z$, zwischen den Bearbeitungslinien steht.

2. Geben Sie ein einfaches Anführungszeichen (**'**) ein, oder klicken Sie in der Symbolleiste „Taschenrechner" auf ⟦( )⟧, um den gesamten Ausdruck in Klammern zu setzen.

3. Drücken Sie die [**Leertaste**], damit die Klammern zwischen die Bearbeitungslinien gesetzt werden.

4. Drücken Sie gegebenenfalls die [**Einfg**]-Taste, um die vertikale Bearbeitungslinie links des Ausdrucks zu platzieren.

5. Geben Sie den Namen der Funktion ein. Handelt es sich um eine vordefinierte Funktion, können Sie **Funktion** im Menü **Einfügen** wählen oder in der Symbolleiste „Standard" auf _f(x)_ klicken und dann auf den Funktionsnamen doppelklicken.

Definieren und Auswerten von Funktionen

Die Definition einer Funktion erfolgt auf sehr ähnliche Weise wie die einer Variablen. Links steht der Name, gefolgt von einem Definitionssymbol. Rechts steht ein Ausdruck. Der wichtigste Unterschied dabei ist, dass der Name eine *Argumentliste* enthält. Das folgende Beispiel zeigt die Definition der Funktion *dist(x, y)*, die den Abstand zwischen dem Punkt (*x, y*) und dem Ursprung zurückgibt.

So definieren Sie eine Funktion:

1. Geben Sie den Funktionsnamen ein.

$\boxed{\text{dist}}$

2. Geben Sie eine öffnende Klammer ein, gefolgt von einem oder mehreren durch Kommas getrennten Namen. Vervollständigen Sie die Argumentliste durch Eingeben einer schließenden Klammer.

$\boxed{\text{dist(x,y)}}$

Hinweis Es spielt keine Rolle, ob die Namen in der Argumentliste bereits an anderer Stelle im Arbeitsblatt definiert oder verwendet wurden. Wichtig ist, dass es sich bei den Argumenten *um Namen handeln muss*. Es dürfen keine komplizierteren Ausdrücke verwendet werden.

3. Drücken Sie [:], oder klicken Sie in der Symbolleiste „Taschenrechner" auf $\boxed{:=}$, um das Definitionssymbol (:=) einzufügen.

$\boxed{\text{dist(x,y)} := \blacksquare}$

4. Geben Sie einen Ausdruck ein, um die Funktion zu definieren. Der Ausdruck kann Zahlen sowie bereits definierte Variablen und Funktionen enthalten.

$$\text{dist(x,y)} := \sqrt{x^2 + y^2}$$

Nachdem Sie eine Funktion definiert haben, können Sie sie an jeder Stelle unterhalb und rechts von der Definition verwenden.

Bei der Auswertung eines Ausdrucks, der, wie in Abbildung 8-5 dargestellt, eine Funktion enthält, geht Mathcad wie folgt vor:

1. Es wertet die Argumente aus, die Sie zwischen die Klammern setzen.

2. Es ersetzt die Beispielargumente in der Funktionsdefinition durch die Argumente, die Sie zwischen den Klammern einfügen.

3. Es führt die Berechnungen aus, die in der Funktionsdefinition festgelegt wurden.

4. Es gibt das Ergebnis als Funktionswert zurück.

$$
\begin{aligned}
&x1 := 0 \qquad\quad y1 := 1.5 \qquad\quad \text{dist(x,y)} := \sqrt{x^2 + y^2} \\
&x2 := 3 \qquad\quad y2 := 4 \qquad\quad\; \text{dist} = \text{Funktion} \\
&x3 := -1 \qquad\; y3 := 1 \\
&\text{dist(x1,y1)} = 1.5 \\
&\text{dist(x2,y2)} = 5 \\
&\text{dist(x3,y3)} = 1.414
\end{aligned}
$$

Abbildung 8-5: Benutzerdefinierte Funktion. Definieren Sie zunächst die Punkte. Als Nächstes definieren Sie die Funktion zur Berechnung von Distanzen zum Ursprungsort. Anschließend fügen Sie Argumente ein.

Hinweis Wenn Sie, wie in Abbildung 8-5 dargestellt, nur den Namen einer Funktion ohne die dazugehörigen Argumente eingeben, gibt Mathcad lediglich den Begriff „Funktion" zurück.

Die Argumente einer benutzerdefinierten Funktion können Skalare, Vektoren oder Matrizen bezeichnen. Sie können beispielsweise die Distanzfunktion so definieren: $dist(v) := \sqrt{v_0^2 + v_1^2}$. Dies ist ein Beispiel für eine Funktion, die einen Vektor als Argument übernimmt und einen Skalar als Ergebnis zurückgibt. Weitere Informationen dazu finden Sie in Kapitel 5, „Bereichsvariablen und Felder".

Hinweis Bei benutzerdefinierten Funktionsnamen wird nach Groß-/Kleinschreibung und nach der Schriftart unterschieden. Die Funktion **f**(x) unterscheidet sich von der Funktion f(x), und SIN(x) unterscheidet sich von sin(x). Die vordefinierten Funktionen von Mathcad sind hingegen für alle Schriftarten (außer die Schriftart Symbol), Schriftgrößen und Schriftschnitte definiert. Das bedeutet, dass **sin**(x), *sin*(x) und ${\tt sin}$(x) alle auf dieselbe Funktion bezogen sind.

Variablen in benutzerdefinierten Funktionen

Bei der Definition einer Funktion brauchen Sie die Namen in der Argumentliste nicht zu definieren, weil Sie Mathcad nur mitteilen, was es *mit den Argumenten tun* soll, und nicht, worum es sich dabei handelt. Bei der Definition einer Funktion braucht Mathcad nicht einmal zu wissen, um welche Art von Argumenten (Skalare, Vektoren, Matrizen usw.) es sich handelt. Erst bei der *Auswertung* einer Funktion muss Mathcad den genauen Typ des Arguments kennen.

Wenn Sie bei der Definition einer Funktion jedoch einen Variablennamen verwenden, der *nicht* in der Argumentliste enthalten ist, müssen Sie den Variablennamen oberhalb der Funktionsdefinition definieren. Der Wert dieser Variablen zum Zeitpunkt ihrer Definition wird dann zu einem permanenten Bestandteil der Funktion, wie in Abbildung 8-6 verdeutlicht wird.

$$a := 2$$
$$f(x) := x^a \qquad t := -4$$

$$f(2) = 4 \qquad f(t) = 16$$
$$f(3) = 9$$
$$f(\sqrt{5}) = 5$$

$$a := 3$$
$$f(2) = 4$$

$$a := 5$$
$$f(2) = 4$$

Abbildung 8-6: Der Wert einer benutzerdefinierten Funktion ist von ihren Argumenten abhängig. Der Wert von f ist von seinen Argumenten abhängig, nicht jedoch vom Wert von a. Da a kein Argument von f ist, hängt der Wert von f nur dann von a ab, sofern f definiert ist.

Soll eine Funktion vom Wert einer Variablen abhängig sein, müssen Sie diese Variable als Argument aufnehmen. Andernfalls verwendet Mathcad lediglich den festen Wert der Variablen an der Position im Arbeitsblatt, an der die Funktion definiert ist.

Rekursive Funktionsdefinitionen

Mathcad unterstützt *rekursive* Funktionsdefinitionen. Dadurch können Sie den Wert einer Funktion basierend auf einem früheren Wert der Funktion definieren. Rekursive Funktionen sind besonders praktisch, um beliebige periodische Funktionen zu definieren, wie in Abbildung 8-7 dargestellt. Außerdem stellen sie eine Methode zum Ausführen von numerischen Funktionen, wie z. B. der der Falkultätsfunktion, dar.

Beachten Sie, dass in der Definition einer rekursiven Funktion immer mindestens zwei Komponenten enthalten sein sollten:

- Eine Anfangsbedingung, die verhindert, dass die Rekursion endlos ausgeführt wird.

- Eine Definition der Funktion, basierend auf einem oder mehreren früheren Werten der Funktion.

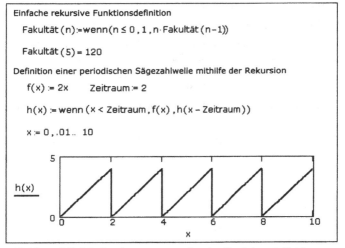

Abbildung 8-7: Mathcad unterstützt rekursive Funktionsdefinitionen.

Hinweis   Wenn Sie keine Anfangsbedingung zur Begrenzung der Rekursion angeben und die Funktion auswerten möchten, zeigt Mathcad die Fehlermeldung „Stapelüberlauf" an.

Online-Hilfe   Die Rekursion wird auch von den Programmieroperatoren in Mathcad unterstützt. Näheres hierzu finden Sie im Programmierabschnitt der Online-Hilfe.

Einheiten und Dimensionen

Eine der besonderen Stärken von Mathcad sind Einheiten sowie die Umwandlung von Einheiten. Einheiten werden genauso verwendet wie vordefinierte Variablen. Um einer Zahl oder einem Ausdruck eine Einheit zuzuweisen, multiplizieren Sie sie bzw. ihn einfach mit dem Namen der Einheit.

Mathcad erkennt die meisten Einheiten an ihren gebräuchlichen Abkürzungen. Standardmäßig verwendet Mathcad für die *Ergebnisse* von Berechnungen das SI-Einheitensystem (Internationales Einheitensystem). Sie können beim Erstellen Ihrer Ausdrücke jedoch alle unterstützten Einheiten verwenden. Auf der Registerkarte **Einheitensysteme** der Option **Arbeitsblattoptionen** im Menü **Extras** können Sie das Standard-Einheitensystem in „MKS", „CGS", „U.S." oder „-" ändern. Unter „Anzeigen von Einheiten in Ergebnissen" auf Seite 105 ist das Festlegen eines Einheitensystems für Ergebnisse beschrieben.

Geben Sie beispielsweise die folgenden Ausdrücke ein:

mass:75*kg
bes:100*m/s^2
bes_g:9.8*m/s^2
F:mass*(bes + bes_g)

Abbildung 8-8 zeigt, wie diese Gleichungen auf einem Arbeitsblatt dargestellt werden.

$$mass := 75 \cdot kg$$

$$bes := 100 \cdot \frac{m}{s^2}$$

$$bes\_g := 9.8 \frac{m}{s^2}$$

$$F := mass \cdot (bes + bes\_g)$$

$$F = 8.235 \times 10^3 \, N$$

$$mass := 75kg$$

$$mass = 75 \, kg$$

Abbildung 8-8: Gleichungen unter Verwendung von Einheiten. Bei der Eingabe eines Ausdrucks wie „mass : 75kg" geht Mathcad von einer implizierten Multiplikation aus.

Tipp   Bei der Definition einer Variablen, bestehend aus einer Zahl, unmittelbar gefolgt vom Namen einer Einheit, brauchen Sie das Multiplikationssymbol nicht einzugeben; Mathcad fügt ein kurzes Leerzeichen als Zeichen einer implizierten Multiplikation ein. Vergleichen Sie dazu beispielsweise die Massedefinition am unteren Rand in Abbildung 8-8.

So fügen Sie eine Einheit ein:

1. Klicken Sie auf den leeren Platzhalter, und wählen Sie im Menü **Einfügen** die Option **Einheit**, oder klicken Sie in der Standard-Symbolleiste auf [image]. Mathcad öffnet daraufhin das Dialogfeld **Einheit einfügen**.

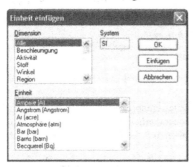

2. Die untere Liste enthält die den in der oberen Liste ausgewählten physikalischen Dimensionen entsprechenden Einheiten und deren Namen in Mathcad. Wenn Sie alle verfügbaren vordefinierten Einheiten anzeigen möchten, wählen Sie die Option **Alle** in der oberen Liste.

3. Doppelklicken Sie auf die Einheit, die Sie einfügen möchten, oder klicken Sie auf die Einheit, und wählen Sie **Einfügen**. Mathcad fügt die Einheit in den leeren Platzhalter ein.

Hinweis Mathcad führt eine Dimensionsanalyse durch, indem es prüft, ob die Dimensionen Ihres ausgewählten Ergebnisses mit einer der allgemeinen physikalischen Dimensionen in der oberen Liste übereinstimmen. Im Falle einer Übereinstimmung zeigt Mathcad nur die vordefinierten Einheiten an, die der in der oberen Liste ausgewählten Dimension zugeordnet werden können. Falls keine Übereinstimmung vorliegt, listet Mathcad einfach alle vordefinierten Einheiten auf.

Überprüfen der Dimensionen

Immer wenn Sie einen Ausdruck eingeben, in dem Einheiten verwendet werden, prüft Mathcad die Einheitlichkeit der Dimensionen. Wenn Sie Werte mit inkompatiblen Einheiten addieren oder subtrahieren oder andere Prinzipien der Dimensionsanalyse verletzen, zeigt Mathcad eine entsprechende Fehlermeldung an.

Angenommen, Sie haben *bes* als $100 \cdot m/s$ statt als $100 \cdot m/s^2$ definiert, wie rechts dargestellt. Weil *bes* in Einheiten der Geschwindigkeit angegeben wird und *bes_g* in Einheiten der Beschleunigung, können sie nicht addiert werden. Beim Versuch einer Addition zeigt Mathcad eine Fehlermeldung an.

$$mass := 75 \cdot kg$$

$$bes := 100 \cdot \frac{m}{s}$$

$$bes\_g := 9.8 \frac{m}{s^2}$$

$$F := mass \cdot (bes + bes\_g)$$

Die Einheiten in diesem Ausdruck stimmen nicht überein.

Andere Einheitenfehler sind gewöhnlich bedingt durch Folgendes:

- Eine inkorrekte Umwandlung von Einheiten
- Eine Variable mit falschen Einheiten
- Einheiten in Exponenten oder Indizes (beispielsweise $v_{3 \cdot acre}$ oder $2^{3 \cdot ft}$).
- Einheiten als Argumente für Funktionen, bei denen das nicht sinnvoll ist (beispielsweise $\sin(0 \cdot henry)$).

Definieren von eigenen Einheiten

Sie können eigene Einheiten definieren bzw. eigene Abkürzungen für Einheiten verwenden.

Definieren Sie eigene Einheiten entsprechend existierenden Einheiten genauso, wie Sie eine neue Variable entsprechend einer existierenden Variablen definieren. Abbildung 8-9 stellt dar, wie neue Einheiten definiert und vorhandene Einheiten umdefiniert werden.

$$Å := 10^{-10} \cdot m \qquad \mu s := 10^{-6} \cdot s$$
$$Woche := 7 \cdot Tag \qquad kilo := 1 \cdot kg$$

$$Å = 1 \times 10^{-10} \, m \qquad Woche = 6.048 \times 10^{5} \, s$$
$$Woche = 0.019 \, Jahr \qquad \mu s = 1.667 \times 10^{-8} \, min$$

Abbildung 8-9: Definieren von eigenen Einheiten. Obere Hälfte: Definieren neuer Einheiten für ein Arbeitsblatt Untere Hälfte: Ergebnisse aus den umdefinierten Einheiten.

Hinweis Da sich Einheiten genauso wie Variablen verhalten, können unerwartete Konflikte auftreten. Wenn Sie beispielsweise in Ihrem Arbeitsblatt die Variable m definieren, können Sie die vordefinierte Einheit m für Meter unterhalb dieser Definition nicht mehr verwenden. Mathcad zeigt die Einheit m jedoch automatisch bei allen Ergebnissen im Zusammenhang mit Metern an. Wenn Sie eine der in Mathcad vordefinierten Einheiten ändern, wird ein Warnsignal in Form einer grünen Wellenlinie angezeigt.

Hinweis Mathcad bietet zwar absolute Temperatureinheiten, nicht jedoch Fahrenheit und Celsius. Das QuickSheet „Custom Operators" (Benutzerdefinierte Operatoren) unter „Mathcad Techniques" (Mathcad-Techniken) enthält Beispiele für das Definieren dieser Temperaturskalen und ihrer Umrechnung.

Ergebnisse

Formatieren von Ergebnissen

Die Art der Anzeige von Ergebnissen in Mathcad wird als *Ergebnisformat* bezeichnet. Das Ergebnisformat wird für ein einzelnes Ergebnis oder für ein gesamtes Arbeitsblatt festgelegt.

Festlegen des Formats eines einzelnen Ergebnisses

Numerisch berechnete Ergebnisse werden im Arbeitsblatt entsprechend dem Standard-Ergebnisformat eines Arbeitsblattes formatiert. So ändern Sie das Format eines einzelnen Ergebnisses:

1. Klicken Sie in die Gleichung.

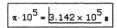

2. Wählen Sie **Ergebnis** im Menü **Format** bzw. doppelklicken Sie auf das Ergebnis, um das Dialogfeld **Ergebnisformat** zu öffnen.

3. Ändern Sie die gewünschten Einstellungen. Weitere Einzelheiten über die verschiedenen Einstellungen in diesem Dialogfeld finden Sie in der Online-Hilfe. Um das Ergebnis mit sechs Dezimalstellen anzuzeigen, setzen Sie den Wert für Dezimalstellen von 3 auf 6.

Um ein Ergebnis wieder entsprechend den Standard-Ergebnisformateinstellungen des Arbeitsblattes anzuzeigen, löschen Sie das Gleichheitszeichen, und drücken Sie dann wieder **=**.

Hinweis   Das Ändern des Formats eines Ergebnisses wirkt sich lediglich auf das *Erscheinungsbild* des Ergebnisses im Arbeitsblatt aus. Intern behält Mathcad bei diesem Ergebnis die vollständige Genauigkeit von bis zu 17 Dezimalstellen bei. Wenn Sie hingegen ein Ergebnis kopieren, kopiert Mathcad die Zahl nur in der angezeigten Genauigkeit.

Einstellen der Standardformate für das Arbeitsblatt

So ändern Sie die Standardanzeige numerischer Ergebnisse:

1. Doppelklicken Sie auf eine leere Stelle in Ihrem Arbeitsblatt.
2. Wählen Sie **Ergebnis** im Menü **Format**.
3. Ändern Sie die entsprechenden Einstellungen im Dialogfeld **Ergebnisformat**.

Mathcad ändert die Anzeige aller Ergebnisse, deren Formate nicht ausdrücklich festgelegt wurden.

Sie können die Standardeinstellung für das Arbeitsblatt auch ändern, indem Sie auf ein bestimmtes Ergebnis klicken, im Menü **Format** die Option **Ergebnis** auswählen, die gewünschten Änderungen im Dialogfeld **Ergebnisformat** vornehmen und anschließend auf die Schaltfläche **Als Standard festlegen** klicken.

Tipp Änderungen am Standard-Ergebnisformat des Arbeitsblatts wirken sich nur auf das aktuelle Arbeitsblatt aus. Wenn Sie Ihre Standard-Ergebnisformate in neuen Arbeitsblättern verwenden möchten, speichern Sie das Arbeitsblatt als Vorlage, wie in Kapitel 7, „Verwaltung von Arbeitsblättern" beschrieben.

Das Dialogfeld „Ergebnisformat"

Online-Hilfe Genaue Beschreibungen der im Dialogfeld verfügbaren Optionen finden Sie unter „Formatieren numerischer Ergebnisse" sowie in der Online-Hilfe auf den Seiten zu den jeweiligen Registerkarten.

Auf der Registerkarte **Zahlenformat** können Sie die Anzahl von Dezimalstellen und nachfolgenden Nullen, die Exponentialschwelle, wissenschaftliche oder ingenieurtechnische Schreibweise bzw. die Anzeige der Ergebnisse als Brüche oder gemischte Zahlen festlegen.

Auf der Registerkarte **Anzeige-Optionen** können Sie festlegen, ob Felder als Tabellen oder Matrizen angezeigt werden, ob verschachtelte Felder erweitert werden und ob i oder j zum Anzeigen des Imaginärteils verwendet werden. Sie können auch eine anderes Zahlensystem, wie Binär oder Oktal, festlegen.

Auf der Registerkarte **Einheiten** finden Sie Optionen zum Formatieren von Einheiten (z.B. Brüche) und zum Vereinfachen von Einheiten zu einer abgeleiteten Einheit.

Auf der Registerkarte **Toleranz** können Sie festlegen, wann ein realer oder imaginärer Teil eines Ergebnisses ausgeblendet werden soll und wie klein eine Zahl sein muss, um als Null angezeigt zu werden.

Abbildung 8-10 zeigt einige Beispiele für Formatierungsoptionen.

$x := 5.2574 \quad y := \pi \cdot 10^4$	Definitionen
$x = 5.26$	Allgemeines Format, Exponentialschwelle = 15, Anzahl Dezimalstellen = 2
$x = 5.2574$	Dezimales Format, Anzahl Dezimalstellen = 4
$x = 5.25740$	Dezimales Format, Anzahl Dezimalstellen = 5 Nachfolgende Nullen anzeigen ☑
$y = 3.142 \times 10^4$	Wissenschaftliches Format
$y = 31.416 \times 10^3$	Ingenieurtechnisches Format
$x = 5.257E+000$	Ingenieurtechnisches Format, Exponenten als „E" anzeigen ± 000 ☑

Abbildung 8-10: Verschiedene Methoden zum Formatieren einer Zahl.

Anzeigen von Einheiten in Ergebnissen

Mathcad zeigt Ergebnisse automatisch in den Grundeinheiten des gewählten Einheitensystems an.

Tipp Aktivieren Sie im Dialogfeld **Ergebnisformat** das Kontrollkästchen **Einheiten wenn möglich vereinfachen**, um die Einheiten in einem Ergebnis in abgeleiteten Einheiten und nicht in den Grundeinheiten anzuzeigen. Aktivieren Sie **Einheiten formatieren**, um die Einheiten in einem Ergebnis als Bruch aus Termen mit positiven Exponenten und nicht als Produkt aus Einheiten mit positiven und negativen Exponenten anzuzeigen.

Sie können in Mathcad jedes Ergebnis unter Verwendung einer der vordefinierten Einheiten jederzeit neu anzeigen. Gehen Sie dazu wie folgt vor:

1. Klicken Sie auf das Ergebnis. Rechts vom Ergebnis wird ein leerer Platzhalter angezeigt, der *Einheitenplatzhalter*.

2. Klicken Sie auf den Einheitenplatzhalter, und wählen Sie dann **Funktion** im Menü **Einfügen**, oder klicken Sie in der Symbolleiste „Standard" auf 🕮, um das Dialogfeld **Einheit einfügen** zu öffnen.

3. Doppelklicken Sie auf die Einheit, in der Sie das Ergebnis anzeigen möchten.

Sie können den Namen einer Einheit auch direkt in den Einheitenplatzhalter eingeben.

Einheitensystem

Mathcad verwendet das SI-System als Standard-Einheitensystem. Wenn Sie das Gleichheitszeichen setzen, um ein Ergebnis mit Einheiten anzuzeigen, zeigt Mathcad automatisch Grundeinheiten oder abgeleitete Einheiten des SI-Systems an.

Sie können Ergebnisse auch in einer der anderen in Mathcad vordefinierten Einheitensysteme (CGS, U.S. oder MKS) anzeigen oder ganz auf die Verwendung eines Einheitensystems verzichten. Wählen Sie hierzu im Menü **Extras** den Befehl **Arbeitsblattoptionen**, und klicken Sie auf die Registerkarte **Einheitensystem**.

Wählen Sie das Standard-Einheitensystem für die Anzeige von Ergebnissen. Das SI-Einheitensystem bietet gegenüber den anderen Systemen zwei zusätzliche Grundeinheiten — eine für Leuchtstärke (*Candela*) und eine für Stoff (*Mole*). Außerdem enthält das SI-System eine andere elektrische Grundeinheit (*Ampere*) als die anderen Systeme (*Coulomb*).

Die nachfolgende Tabelle enthält eine Aufstellung aller in Mathcad verfügbaren Grundeinheiten:

Einheitensystem	Grundeinheiten
SI	m, kg, s, A, K, cd und *Mole*
MKS	m, kg, sec, *coul* und K
CGS	cm, gm, sec, *coul* und K
US	ft, lb, sec, *coul* und K
–	Zeigt Ergebnisse mit den Grunddimensionen Länge, Masse, Zeit, Ladung und absolute Temperatur an. Alle vordefinierten Einheiten sind deaktiviert.

Die im SI verwendeten Standard-Einheitennamen, z.B. *A* für *Ampere*, *L* für *Liter*, *s* für *Sekunde* und *S* für *Siemens*, sind generell nur im SI-Einheitenssystem verfügbar. Viele andere Einheitennamen sind in sämtlichen Systemen verfügbar. Das Dialogfeld **Einheit einfügen** enthält eine vollständige Liste der Einheiten, die in dem von Ihnen ausgewählten Einheitensystem verfügbar sind. Mathcad bietet die meisten für die Arbeit mit Mathematik gebräuchlichen Einheiten. Werden konventionelle Einheiten-Präfixe wie *m-* für *milli-*, *n-* für *nano-* usw. von Mathcad nicht verstanden, können Sie problemlos benutzerspezifische Einheiten festlegen, z.B.: μm wie unter „Definieren von eigenen Einheiten" auf Seite 102 beschrieben.

Tipp   Beispiele für Einheiten mit Präfixen, die nicht in Mathcad vordefiniert sind, finden Sie unter „Einheiten" in den Lernprogrammen des **Hilfe** -Menüs.

Klicken Sie auf der Registerkarte **Einheitensystem** im Dialogfeld **Arbeitsblattoptionen** auf „-", kann Mathcad keine vordefinierten Einheiten interpretieren und zeigt Ergebnisse in Form der Grunddimensionen *Länge, Masse, Zeit, Ladung* und *Temperatur* an. Sie können aber auch jederzeit während der Arbeit mit einem vordefinierten System sämtliche Ergebnisse mit den Namen der Grunddimensionen statt mit den Grundeinheiten des jeweiligen Einheitensystems anzeigen. Gehen Sie dazu wie folgt vor:

1. Wählen Sie **Arbeitsblattoptionen** im Menü **Extras**.
2. Klicken Sie auf die Registerkarte **Dimensionen**.
3. Aktivieren Sie das Kontrollkästchen **Dimensionen anzeigen**, und klicken Sie auf **OK**.

Umrechnen von Einheiten

Es gibt zwei Möglichkeiten zum Umwandeln von Einheiten:

- Verwenden Sie das Dialogfeld **Einheit einfügen**, oder
- geben Sie Einheiten direkt in den Einheitenplatzhalter ein.

So wandeln Sie Einheiten mithilfe des Dialogfelds **Einheit einfügen** um:

1. Klicken Sie auf die Einheit, die umgewandelt werden soll.
2. Wählen Sie im Menü **Einfügen** den Eintrag **Einheit**, oder klicken Sie in der Standard-Symbolleiste auf $\boxed{\text{E}}$.
3. Doppelklicken Sie auf die Einheit, die angezeigt werden soll.

Abbildung 8-11 zeigt *F* sowohl in SI-Grundeinheiten als auch in Kombinationen von verschiedenen Einheiten.

Wenn Sie für den Einheitenplatzhalter eine ungeeignete Einheit eingeben, setzt Mathcad eine Kombination aus Grundeinheiten ein, welche die geeigneten Einheiten für das angezeigte Ergebnis erzeugen. Beispiel: In der letzten Gleichung in Abbildung 8-11 ist $kW \cdot s$ keine Einheit für Kraft. Mathcad fügt deshalb m^{-1} ein, um die zusätzliche Längendimension auszugleichen.

$$\text{mass} := 75\text{kg} \qquad \text{bes} := 100 \cdot \text{m} \cdot \text{s}^{-2} \qquad \text{bes\_g} := 9.8 \cdot \text{m} \cdot \text{s}^{-2}$$

$$F := \text{mass} \cdot (\text{bes} + \text{bes\_g})$$

$$F = 8.235 \times 10^3 \, \text{kg m s}^{-2}$$

Standardanzeige in SI-Grundeinheiten. Klicken Sie auf das Ergebnis, um den Einheitenplatzhalter sichtbar zu machen.

$$F = 8.235 \times 10^3 \, \text{N}$$

$$F = 8.235 \times 10^8 \, \text{dyne}$$

Geben Sie die gewünschte Einheit in den Einheitenplatzhalter ein.

$$F = 82.35 \, \frac{J}{\text{cm}}$$

Sie können auch Kombinationen von Einheiten in den Einheitenplatzhalter eingeben.

$$F = 8.235 \, \text{m}^{-1} \, \text{kW} \cdot \text{s}$$

Da *kW* s keine Krafteinheit ist, fügt Mathcad ein zusätzliches m^{-1} ein, damit die Einheiten richtig erscheinen.

Abbildung 8-11: Ein in unterschiedlichen Einheiten angezeigtes Ergebnis.

Mathcad dividiert den angezeigten Wert durch die Einheiten im Einheitenplatzhalter. Dadurch wird gewährleistet, dass das gesamte angezeigte Ergebnis (also die Zahl *multipliziert* mit dem Ausdruck, der für den Platzhalter eingegeben wurde) den korrekten Wert für die Gleichung angibt.

Hinweis Allerdings sind Einheitenumwandlungen, für die neben einer Multiplikation noch eine weitere Operation erforderlich ist, beispielsweise die direkte Umwandlung von Normaldruck in absolutem Druck oder von Grad Fahrenheit in Grad Celsius, mit dem Konvertierungsmechanismus in Mathcad nicht ohne weiteres möglich. Sie können jedoch selbst spezielle Funktionen definieren, um Umwandlungen dieser Art durchführen zu können.

In einen Einheitenplatzhalter können Sie *beliebige* Variablen, Konstanten oder Ausdrücke eingeben. Mathcad zeigt das Ergebnis dann entsprechend dem im Einheitenplatzhalter angegebenen Wert an. Sie können den Einheitenplatzhalter beispielsweise verwenden, um ein Ergebnis als Vielfaches von π oder in ingenieurtechnischer Schreibweise (als Vielfaches von 10^3, 10^6 usw.) anzuzeigen.

Tipp Sie können den Einheitenplatzhalter auch für dimensionslose Einheiten verwenden, beispielsweise Grad und Radiant. Mathcad behandelt die Einheit *rad* gleich einer Konstanten. Sie können also für eine Zahl oder einen Ausdruck in Radiant *Grad* in den Einheitenplatzhalter eingeben, um das Ergebnis von Radiant in Grad umzuwandeln.

Kopieren und Einfügen von numerischen Ergebnissen

Nach dem Kopieren eines numerischen Ergebnisses können Sie es an einer anderen Stelle im Arbeitsblatt oder in eine andere Anwendung einfügen.

Näheres zum Kopieren von mehr als einer Zahl finden Sie unter „Einfügen und Kopieren von Feldern" auf Seite 50.

Hinweis	Die Option **Kopieren** kopiert das numerische Ergebnis nur mit der Genauigkeit, mit der es angezeigt wird. Um das Ergebnis mit höherer Genauigkeit zu kopieren, doppelklicken Sie darauf und erhöhen Sie den Wert für Genauigkeit im Dialogfeld **Ergebnisformat**.

Steuern von Berechnungen

Mathcad startet im *automatischen Modus* , d.h. alle Ergebnisse werden automatisch aktualisiert. In der Statusleiste am unteren Rand des Fensters steht das Wort „Auto".

Sie können den automatischen Modus deaktiveren, indem Sie die Option **Berechnen > Automatische Berechnung** im Menü **Extras** deaktivieren, so dass das Wort „Auto" in der Statusleiste durch „Rech F9" ersetzt wird. Sie befinden sich nun im *manuellen Modus*.

Tipp	Der Berechnungsmodus – manuell oder automatisch – wird als eine Eigenschaft in Ihren Arbeitsblättern und Vorlagen (MCT-Dateien) gespeichert.

Wenn Mathcad mit der Ausführung von Berechnungen beschäftigt ist und zusätzliche Zeit benötigt, ändert der Mauszeiger seine Form und in der Meldungszeile erscheint der Hinweis „WARTEN". Dies kann vorkommen, wenn Sie eine Gleichung eingeben oder berechnen, wenn Sie die Bildlaufleiste betätigen, wenn Sie drucken oder wenn Sie ein Fenster vergrößern, um weitere Gleichungen anzuzeigen. In diesen Fällen muss Mathcad noch ausstehende Berechnungen auswerten, auf die sich frühere Änderungen auswirken.

Jeder auszuwertende Ausdruck ist von einem grünen Rechteck umrahmt. Damit können Sie auf einfache Weise das Fortschreiten der Berechnungen verfolgen.

Berechnungen im manuellen Modus

Im manuellen Modus berechnet Mathcad keine Gleichungen und zeigt Ergebnisse erst dann an, wenn Sie das Programm explizit zur Berechnung auffordern. Sie müssen somit während der Arbeit nicht auf Berechnungen warten, während Sie Gleichungen eingeben oder ein Arbeitsblatt durchblättern.

Während Sie sich im manuellen Modus befinden, merkt sich Mathcad, welche Berechnungen noch ausstehen. Sobald Sie eine Änderung vornehmen, die eine Neuberechnung erforderlich macht, erscheint in der Meldungszeile der Hinweis „Rech". Daran erkennen Sie, dass die Ergebnisse im Fenster nicht auf dem neuesten Stand sind und dass Sie Berechnungen ausführen müssen, um sichergehen zu können, dass die Ergebnisse aktuell sind.

Aktualisieren Sie den Bildschirm, indem Sie **Jetzt berechnen** im Menü **Extras** wählen, in der Standard-Symbolleiste auf ▆ klicken oder [**F9**] drücken. Mathcad führt alle erforderlichen Berechnungen durch, um alle im Fenster sichtbaren Ergebnisse zu aktualisieren. Wenn Sie nach unten blättern, um weitere Abschnitte des Arbeitsblatts anzuzeigen, erscheint der Hinweis „Rech" wieder in der Meldungsleiste. Er weist darauf hin, dass Sie eine Neuberechnung ausführen sollten, um aktuelle Ergebnisse zu sehen.

Um Mathcad zur Neuberechnung aller Gleichungen im Arbeitsblatt zu zwingen, wählen Sie **Arbeitsblatt berechnen** im Menü **Extras** , oder drücken Sie [**Strg**][**F9**].

Unterbrechen von Berechnungen

So unterbrechen Sie eine Berechnung:

1. Drücken Sie die [**Esc**]-Taste. Das rechts dargestellte Dialogfeld wird angezeigt.
2. Klicken Sie auf **OK**, um die Berechnung zu unterbrechen, oder auf **Abbrechen**, um die Berechnung fortzusetzen.

Durch Klicken auf **OK** wird die Gleichung, die beim Drücken auf [**Esc**] bearbeitet wurde, mit einer Fehlermeldung markiert (siehe „Fehlermeldungen" auf Seite 110). Daran erkennen Sie, dass die Berechnung unterbrochen wurde. Um eine unterbrochene Berechnung fortzusetzen, klicken Sie auf die Gleichung mit der Fehlermeldung und drücken Sie [**F9**], oder klicken Sie in der Standard-Symbolleiste auf $\boxed{=}$.

Tipp   Wenn Sie feststellen, dass Sie häufig Berechnungen unterbrechen, um keine Wartezeiten in Kauf nehmen zu müssen, wechseln Sie in den manuellen Modus.

Deaktivieren von Gleichungen

Sie können eine einzelne Gleichung *deaktivieren*, so dass sie nicht weiter ausgewertet wird. Eine deaktivierte Gleichung kann weiterhin bearbeitet, formatiert und angezeigt werden.

So deaktivieren Sie die Berechnung einer einzelnen Gleichung im Arbeitsblatt:

1. Klicken Sie auf die Gleichung.
2. Wählen Sie **Eigenschaften** im Menü **Format**, und klicken Sie auf die Registerkarte **Berechnung**.
3. Aktivieren Sie unter **Berechnungsoptionen** das Kontrollkästchen **Auswertung deaktivieren**.
4. Mathcad zeigt nun hinter der Gleichung ein kleines Rechteck an, das darauf hinweist, dass diese Gleichung deaktiviert ist. $KE := \frac{1}{2} m \cdot v^2 \blacksquare$

Tipp   Sie können die Auswertung auch deaktivieren, indem Sie mit der rechten Maustaste auf die Gleichung klicken und im Kontextmenü **Auswertung deaktivieren** wählen.

So aktivieren Sie wieder die Berechnung für eine deaktivierte Gleichung:

1. Klicken Sie auf die Gleichung.
2. Wählen Sie **Eigenschaften** im Menü **Format**, und klicken Sie auf die Registerkarte **Berechnung**.
3. Deaktivieren Sie das Kontrollkästchen **Auswertung deaktivieren**.

Fehlermeldungen

Wenn Mathcad einen Fehler in einem Ausdruck erkennt, markiert es den Ausdruck mit einer Fehlermeldung und hebt den fehlerhaften Namen oder Operator in Rot hervor.

$$g(x) := \frac{3}{x}$$

$$f(x) := g(x) \cdot 10$$

Eine Fehlermeldung wird nur dann angezeigt, wenn Sie auf den fehlerhaften Ausdruck *klicken*, wie in der Abbildung rechts dargestellt.

$$f(0) = \blacksquare$$

Es wurde versucht, durch Null zu teilen.

Mathcad kann keine fehlerhaften Ausdrücke verarbeiten. Ist der Ausdruck eine Definition, so bleibt die Variable oder Funktion undefiniert. Alle Ausdrücke, die auf diese Variable Bezug nehmen, bleiben ebenfalls undefiniert.

Online-Hilfe   Klicken Sie auf eine Fehlermeldung, und drücken Sie [F1], um Hilfe zu dem Fehler aufzurufen.

Suchen von Fehlerquellen

Wenn Sie mit einem Ausdruck arbeiten, der von einer oder mehreren existierenden Definitionen abhängt, kann der Fehler in Ihrem Ausdruck seinen Ursprung in einer dieser Definitionen haben.

In der Abbildung oben erscheint der Fehler beispielsweise im dritten Bereich, *f(0)*. *f(x)* basiert aber auf der Definition von *g(x)*. Wenn x gleich null ist, so ist *g(x)* der erste Bereich, der einen Fehler aufweist.

Sie können eine Fehlerquelle suchen, indem Sie ihr Arbeitsblatt überprüfen, oder Sie können den Fehler durch Ihr Arbeitsblatt zurückverfolgen. So suchen Sie eine Fehlerquelle:

1. Klicken Sie mit der rechten Maustaste in den fehlerhaften Bereich, und wählen Sie im Kontextmenü **Fehler zurückverfolgen**, oder klicken Sie in den Bereich, und wählen Sie **Fehler zurückverfolgen** im Menü **Extras**.

2. Navigieren Sie mit den Schaltflächen im Dialogfeld **Fehler zurückverfolgen** zwischen den Bereichen, die mit dem Fehler zusammenhängen. Klicken Sie zum Beispiel auf **Zurück**, um zum letzten abhängigen Bereich zurückzugehen.

$$g(x) := \frac{3}{x}$$

$$f(x) := g(x) \cdot 10$$

Es wurde versucht, durch Null zu teilen.

$$f(0) =$$

3. Klicken Sie auf **Erster**, um in den
   Bereich zu gehen, der den Fehler
   verursacht hat.

$$g(x) := \frac{3}{x}$$

Es wurde versucht, durch Null zu teilen.

$$f(x) := g(x) \cdot 10$$
$$f(0) =$$

Beheben von Fehlern

Nachdem Sie festgestellt haben, welcher Ausdruck den Fehler verursacht hat, beheben Sie den Fehler oder ändern Sie die betreffende Variablendefinition. Mathcad berechnet zunächst diesen Ausdruck neu und berechnet anschließend alle anderen von dem korrigierten Ausdruck betroffenen Ausdrücke neu.

Hinweis   Wenn Sie eine Funktion definieren, bleibt diese so lange unausgewertet, bis Sie im Arbeitsblatt verwendet wird. Beim Auftreten eines Fehlers wird die verwendete Funktion als fehlerhaft gekennzeichnet, obwohl das eigentliche Problem in der Funktionsdefinition liegen kann, die sich möglicherweise viel weiter oben im Arbeitsblatt befindet.

Kapitel 9
Numerische Lösungsverfahren

Mathcad unterstützt viele Funktionen zum Lösen einer einzelnen Gleichung mit einer Unbekannten sowie großer linearer, nichtlinearer und Differentialgleichungssysteme mit mehreren Unbekannten. Mithilfe der hier beschriebenen Techniken werden numerische Lösungen generiert. In Kapitel 13, „Symbolische Berechnung" werden viele Techniken zum symbolischen Lösen von Gleichungen erläutert.

Funktionen zum Lösen von Gleichungen und Optimierungsproblemen

Finden von Wurzeln

Bestimmen einer einfachen Wurzel

Mithilfe der Funktion *wurzel* wird eine Gleichung mit einer Unbekannten bei gegebenem Schätzwert gelöst. Alternativ kann für *wurzel* ein Bereich [a,b] verwendet werden, in dem die Lösung liegt. In diesem Fall ist kein Schätzwert erforderlich. Die Funktion gibt den Wert der unbekannten Variablen zurück, durch den die Gleichung null ergibt und der im angegebenen Bereich liegt. Hierbei werden aufeinander folgende Schätzwerte der Variablen generiert, mit denen der Wert der Gleichung berechnet wird.

Der Schätzwert, den Sie für x angeben, bildet den Startwert für die schrittweise Approximation an die jeweilige Wurzel. Wenn Sie eine komplexe Wurzel berechnen möchten, beginnen Sie mit einem komplexen Schätzwert. Wenn der Wert der Funktion $f(x)$, die für die vorgeschlagene Wurzel ausgewertet wird, kleiner als der Toleranzwert TOL ist, wird ein Ergebnis zurückgegeben. Durch die Darstellung der Funktion als Diagramm lässt sich leicht feststellen, wie viele Wurzeln vorhanden sind, an welcher Stelle sie liegen und welche Schätzwerte zu deren Ermittlung wahrscheinlich geeignet sind.

Tipp   Wie im Abschnitt „Vordefinierte Variablen" auf Seite 89 beschrieben, können Sie den Toleranzwert und damit auch die Genauigkeit der durch *wurzel* ermittelten Lösung ändern, indem Sie die Definition für TOL direkt in das Arbeitsblatt aufnehmen. Sie können die Toleranz auch auf der Registerkarte **Vordefinierte Variablen** ändern, indem Sie im Menü **Extras** auf **Arbeitsblattoptionen** klicken.

Hinweis   Wenn Sie die optionalen Argumente a und b für die Funktion *wurzel* angeben, kann Mathcad nur dann eine Wurzel der Funktion f ermitteln, sofern $f(a)$ positiv und $f(b)$ negativ ist oder umgekehrt. (siehe Abbildung 9-1).

Sollte Mathcad selbst nach vielen Approximationen kein akzeptables Ergebnis bestimmt haben, wird die Funktion *wurzel* mit einer Fehlermeldung versehen, in der darauf hingewiesen wird, dass keine Konvergenz erzielt wurde.

Um die Ursache für den Fehler herauszufinden, können Sie versuchen, ein Diagramm des Ausdrucks zu erstellen. Mit dessen Hilfe können Sie feststellen, ob der Graph des

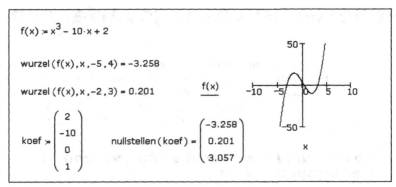

Abbildung 9-1: Bestimmen von Wurzeln mit Hilfe von wurzel *und* nullstellen.

Ausdrucks die *x*-Achse schneidet und an welcher Stelle der Schnittpunkt in diesem Fall ungefähr liegt. Im Allgemeinen gilt: Je näher der Ausgangsschätzwert am Durchgang des Ausdrucks durch die *x*-Achse liegt, desto schneller konvergiert die Funktion *wurzel* gegen ein akzeptables Ergebnis.

Online-Hilfe Weitere Informationen zum Thema finden Sie in der Online-Hilfe unter „Finding Roots" (Finden von Wurzeln).

Mithilfe der Funktion *wurzel* können nur einzelne Gleichungen mit einer Unbekannten gelöst werden. Zum gleichzeitigen Lösen mehrerer Gleichungen müssen Sie auf die unter „Lösungsblockfunktionen" auf Seite 115 beschriebenen Funktionen *Suchen* oder *Minfehl* zurückgreifen.

Bestimmen aller Wurzeln

Sie möchten die Wurzeln eines Polynoms oder Ausdrucks der folgenden Form bestimmen:

$$v_n x^n + \ldots + v_2 x^2 + v_1 x + v_0$$

Sie sollten *nullstellen* anstatt *wurzel* verwenden. Für *nullstellen* ist kein Schätzwert erforderlich und alle Wurzeln werden umgehend zurückgegeben, egal ob sie reell oder komplex sind. Koeffizienten des Polynoms müssen in einen einzelnen Vektor eingeben werden. (Siehe Abbildung 9-1.)

Hinweis Mithilfe von *wurzel* und *nullstellen* kann jeweils nur eine Gleichung mit einer Unbekannten gelöst werden, und es werden stets numerische Ergebnisse zurückgegeben. Um eine Gleichung symbolisch zu lösen oder ein genaues numerisches Ergebnis in Form von elementaren Funktionen zu ermitteln, klicken Sie im Menü **Symbolik** auf **Variable > Auflösen**, oder verwenden Sie das Stichwort **auflösen**. Siehe Kapitel 13, „Symbolische Berechnung".

Lösen linearer/nichtlinearer Systeme und Optimierung

Mathcad bietet noch wesentlich mehr Möglichkeiten zum Lösen von numerischen Funktionen.

Lösen linearer Gleichungssysteme

Mit der Funktion *lsolve* können Sie ein lineares Gleichungssystem lösen, dessen Koeffizienten in der Matrix **M** angeordnet sind. Das Argument **M** für *lsolve* muss eine Matrix sein, die weder singulär noch fast singulär ist. Eine Alternative zu *lsolve* ist die Lösung des linearen Gleichungssystems durch Matrixinvertierung.

Lösungsblöcke

Im allgemeinen werden Systemlösungsfunktionen in Mathcad in einem *Lösungsblock* verwendet. Ein Lösungsblock wird in vier Schritten erstellt:

1. Geben Sie einen Ausgangsschätzwert für jede einzelne Unbekannte ein. Mathcad löst Gleichungen durch iterative Berechnungen. Der Schätzwert stellt einen Ausgangspunkt für die Lösungssuche dar. Wenn Sie komplexwertige Lösungen erwarten, geben Sie komplexe Schätzwerte ein.

2. Geben Sie das Wort **Vorgabe** in einen getrennten Rechenbereich unter der Definition des Schätzwertes ein, um ein System von bedingten Gleichungen zu erstellen. Geben Sie das Wort „Vorgabe" nicht in einen Textbereich ein.

3. Geben Sie jetzt unterhalb des Worts *Vorgabe* die Nebenbedingungen (Gleichheits- und Ungleichheitsnebenbedingungen) in beliebiger Reihenfolge ein. Verwenden Sie für alle Gleichheitsbedingungen das Boolesche Gleichheitszeichen (klicken Sie in der Symbolleiste „Boolesche Operatoren" auf ▦ oder drücken Sie [**Strg**]=). Sie können die linke und rechte Seite einer Ungleichheitsbedingung durch die Symbole <, >, ≤ und ≥ trennen.

4. Geben Sie unterhalb der Bedingungen eine Gleichung ein, die eine der Funktionen *Suchen*, *Maximieren*, *Minimieren*, oder *Minfehl* enthält.

Tipp　Lösungsblöcke können nicht ineinander verschachtelt werden. Jeder Lösungsblock kann nur einmal *Vorgabe* und einmal *Suchen* (oder *Maximieren*, *Minimieren* oder *Minfehl*) enthalten. Sie können jedoch am Ende des Lösungsblocks eine Funktion wie $f(x)$:= Suchen(x) definieren und diese Funktion in einem anderen Lösungsblock verwenden.

Lösungsblockfunktionen

In Abbildung 9-2 ist ein Lösungsblock mit verschiedenen Bedingungen und dem Aufruf der Funktion *Suchen* dargestellt. Es gibt zwei Unbekannte. Die Funktion *Suchen* akzeptiert die beiden Argumente x und y und gibt einen Vektor mit zwei Komponenten zurück.

Hinweis　Anders als bei den meisten anderen Mathcad-Funktionen können die Funktionen *Suchen*, *Maximieren*, *Minfehl* und *Minimieren* entweder mit großem oder kleinem Anfangsbuchstaben in einen Rechenbereich eingegeben werden.

Schätzwerte $x := 1$ $y := 1$

    Vorgabe

$$x^2 + y^2 = 6 \qquad x + y = 2$$

$$x \leq 1 \qquad y > 2$$

$$\begin{pmatrix} xval \\ yval \end{pmatrix} := \text{Suchen}(x, y)$$

Ergebnisse $xval = -0.414$ $yval = 2.414$

Aktivieren

$$xval^2 + yval^2 = 6 \qquad xval + yval = 2$$

Abbildung 9-2: Lösungsblock mit Gleichheits- und Ungleichheitsbedingungen. Die Gleichungen für einen Kreis und eine Linie sind eingegeben, daraufhin werden die Ungleichheitsbedingungen bestimmt. Mit Suchen finden Sie die Punkte einer Schnittmenge, die in der Originalgleichung aktiviert sind. Siehe auch im QuickSheet unter „Lösungsblöcke mit Ungleichheitsbedingungen."

Mit Lösungsblöcken können Parametersysteme gelöst werden. In Abbildung 9-3 wird die Lösung in Form mehrerer Parameter im Lösungsblock neben der unbekannten Variablen dargestellt.

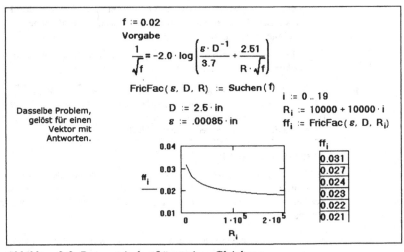

Abbildung 9-3: Parametrisches Lösen einer Gleichung.

Lösungsblöcke akzeptieren auch Matrizen als Unbekannte und lösen Matrizengleichungen (siehe Abbildung 9-4 und Abbildung 9-5).

Zwei Methoden zum Berechnen einer Quadratwurzel einer Matrix (mehrdeutig)

$$M := \begin{pmatrix} 13 & 4 & 4 \\ 4 & 9 & -3 \\ 4 & -3 & 57 \end{pmatrix}$$

Verwenden einer Eigenanalyse:

$$Vek := eigenvektoren(M) \qquad Werte := diag(eigenwerte(M))$$

$$S := Vek \cdot \overrightarrow{\sqrt{Werte}} \cdot Vek^T$$

$$S = \begin{pmatrix} 3.528 & 0.639 & 0.38 \\ 0.639 & 2.915 & -0.31 \\ 0.38 & -0.31 & 7.534 \end{pmatrix} \qquad S^2 = \begin{pmatrix} 13 & 4 & 4 \\ 4 & 9 & -3 \\ 4 & -3 & 57 \end{pmatrix}$$

Verwenden eines Lösungsblockes:

$$X := M \qquad \text{Anfänglicher Schätzwert}$$

Vorgabe

$$X^2 = M$$

$$S1 := Suchen(X)$$

$$S1 = \begin{pmatrix} 2.095 & 2.867 & 0.623 \\ 2.867 & -0.55 & -0.69 \\ 0.623 & -0.69 & 7.492 \end{pmatrix} \qquad S1^2 = \begin{pmatrix} 13 & 4 & 4 \\ 4 & 9 & -3 \\ 4 & -3 & 57 \end{pmatrix}$$

Abbildung 9-4: Lösungsblock zum Berechnen der Quadratwurzel einer Matrix.

Statische Matrizen:

$$A := \begin{pmatrix} 0 & 0 \\ 0 & 1 \end{pmatrix} \qquad B := \begin{pmatrix} 0 & 1 \\ 0 & -1 \end{pmatrix} \qquad C := \begin{pmatrix} 1 & 0 \\ 0 & 0 \end{pmatrix} \qquad P := einheit(2)$$

Vorgabe

$$-P \cdot A \cdot P + P \cdot B + B^T \cdot P + C = 0$$

$$Suchen(P) = \begin{pmatrix} 1.732 & 1 \\ 1 & 0.732 \end{pmatrix}$$

Abbildung 9-5: Ein Lösungsblock zum Berechnen der Lösung einer Matrizengleichung unter Verwendung einer Riccati-Gleichung aus der Steuerungstheorie.

Hinweis Mit Mathcad-Lösungsblöcken können lineare und nichtlineare Systeme mit maximal 400 Variablen gelöst werden. Das *Erweiterungspaket „Lösungen und Optimierungen"* löst lineare Systeme mit maximal 1000 Variablen, nichtlineare Systeme bis maximal 250 Variablen und quadratische Systeme mit maximal 1000 Variablen.

In der unteren Tabelle sind die Nebenbedingungen aufgeführt, die in einem Lösungsblock zwischen dem Schlüsselwort *Vorgabe* und den Funktionen *Suchen, Maximieren, Minfehl,* und *Minimieren* vorkommen können. x und y stehen für reelle, z und w für beliebige Ausdrücke. Nebenbedingungen sind meist skalare Ausdrücke; es kann sich aber auch um Vektor- oder Feldausdrücke handeln.

Bedingung	Symbolleiste „Boolesche Operatoren"	Ausführung
$w = z$	$=$	Gleichheitszeichen
$x < y$	$<$	Kleiner als
$x > y$	$>$	Größer als
$x \leq y$	$\leq$	Kleiner oder gleich
$x \geq y$	$\geq$	Größer oder gleich
$\neg x$	$\neg$	Nicht
$x \wedge y$	$\wedge$	Und
$x \vee y$	$\vee$	Oder
$x \oplus y$	$\oplus$	Ausschließendes Oder (Xor)

In einem Mathcad-Lösungsblock darf Folgendes zwischen *Vorgabe* und *Suchen* nicht verwendet werden:

- Nebenbedingungen mit $\neq$
- Bereichsvariablen oder Ausdrücke, die in irgendeiner Form Bereichsvariablen enthalten
- Zuweisungen (z. B. `x:=1`)

Sie können zusammengesetzte Anweisungen einsetzen wie $1 \leq x \leq 3$.

Hinweis Mathcad gibt für einen Lösungsblock jeweils nur eine Lösung zurück. Es kann jedoch mehrere Lösungen für einen Gleichungssatz geben. Um eine andere Lösung zu finden, verwenden Sie unterschiedliche Schätzwerte oder geben Sie eine zusätzliche Ungleichheitsnebenbedingung ein, die die aktuelle Lösung nicht erfüllt.

Lösungstoleranzen

In den numerischen Lösungsalgorithmen von Mathcad werden bei der Berechnung von Lösungen in Lösungsblöcken zwei Toleranzparameter verwendet:

- **Konvergenztoleranz:** Es werden aufeinander folgende Lösungsapproximationen berechnet. Das Ergebnis wird zurückgegeben, wenn die Differenz der beiden letzten Approximationen kleiner als die vordefinierte TOL ist. Ein kleinerer TOL -Wert führt häufig zu einer genaueren Lösung. Allerdings dauern die Berechnungen länger.

- **Toleranz für die Erfüllung der Nebenbedingungen:** Dieser Parameter, die vordefinierte Variable CTOL, bestimmt und steuert, wie genau eine Nebenbedingung erfüllt sein muss, damit eine Numerische Lösungsverfahren akzeptiert wird. Wenn beispielsweise die Toleranz für die Erfüllung der Nebenbedingungen 0.0001 ist, wäre eine Nebenbedingung wie $x < 2$ erfüllt, wenn der tatsächliche Wert von x die folgenden Ungleichung erfüllt: $x < 2.0001$.

Im Abschnitt „Vordefinierte Variablen" auf Seite 89 wird beschrieben, wie diese Toleranzwerte geändert werden können.

Online-Hilfe Weitere Informationen zum Thema „Numerische Lösungsverfahren" finden Sie in der Online-Hilfe unter „Find" (Suchen) und „Solver Problems" (Problemlöser).

Lösungsalgorithmen und automatische Auswahl

Bei der Gleichungslösung verwendet Mathcad standardmäßig die *automatische Auswahl*, um einen geeigneten Lösungsalgorithmus zu wählen. Verfügbare Lösungsverfahren sind:

Linear

Wendet einen linearen Programmierungsalgorithmus auf das Problem an. Schätzwerte für die Unbekannten sind nicht erforderlich.

Nicht linear

Wendet entweder ein Verfahren konjugierter Gradienten, das Levenberg-Marquardt- oder das Quasi-Newton-Verfahren auf das Problem an. Dem Lösungsblock müssen Schätzwerte für alle Unbekannten vorangestellt werden. Wählen Sie im Kontextmenü **Nichtlinear > Erweiterte Optionen**, um die Einstellungen für das Verfahren konjugierter Gradienten und das Quasi-Newton-Verfahren festzulegen.

So überschreiben Sie die Standard-Lösungsalgorithmen von Mathcad:

1. Erstellen Sie einen Lösungsblock und werten Sie ihn aus. Mathcad wählt automatisch einen Algorithmus.

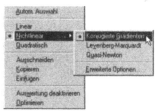

2. Klicken Sie mit der rechten Maustaste auf den Namen der Funktion, die den Lösungsblock beendet und deaktivieren Sie im Kontextmenü **Autom. Auswahl**.

3. Aktivieren Sie ein anderes Lösungsverfahren im Kontextmenü. Mathcad berechnet die Lösung unter Verwendung des von Ihnen ausgewählten Verfahrens neu.

Kapitel 10
Einfügen von Grafiken und anderen Objekten

- ♦ Übersicht
- ♦ Einfügen von Bildern
- ♦ Einfügen von Objekten
- ♦ Einfügen von mathematisch verknüpften Grafiken in Ihr Arbeitsblatt

Übersicht

Zur Veranschaulichung Ihrer Berechnungen in Mathcad können Sie Folgendes hinzufügen:

- zwei- und dreidimensionale Diagramme
- aus anderen Anwendungen eingefügte Bilder, die auf Werten einer Matrix oder Bilddatei basieren
- in einer anderen Anwendung erstellte Objekte (.AVI-Dateien, .DOC-Dateien, .MDI-Dateien usw.)
- mit Ihren Berechnungen verknüpfte Diagramme

Einfügen von Bildern

Dieser Abschnitt beschreibt Methoden zur Erstellung und Formatierung von *Bildern* in Ihrem Arbeitsblatt.

Erstellen von Bildern aus Matrizen

Sie können jede Einzelmatrix als Graustufenbild anzeigen, indem Sie einen Bildbereich erstellen:

1. Klicken Sie auf einen leeren Bereich.
2. Wählen Sie im Menü **Einfügen** den Eintrag **Bild**, oder klicken Sie in der Symbolleiste „Matrix" auf ▦.
3. Geben Sie für den Platzhalter am unteren Rand des Bildbereichs den Namen einer Matrix ein.

Mathcad erstellt eine aus 256 Graustufen bestehende Darstellung der Daten in der Matrix, wobei jedes Matrixelement einem *Pixel* im Bild entspricht.

Hinweis Der Bildbereich von Mathcad geht von einem 256-Farben-Modell mit dem Wert 0 als Schwarz und 255 als Weiß aus. Zahlen außerhalb des Bereichs von 0 bis 255 werden auf modulo 256 verkleinert, und nicht ganzzahlige Werte werden behandelt, als wäre der Dezimalteil entfernt worden.

Wenn Sie ein Farbbild in Mathcad erstellen möchten, müssen Sie drei Matrizen derselben Größe definieren, die für eine der folgenden Optionen für Komponenten der einzelnen Pixel im Bild stehen:

- Rot, Blau und Grün (RGB)
- Farbton (Hue), Sättigung (Saturation) und Farbwert (Value) (Smithsches HSV-Farbmodell)
- Farbton (Hue), Helligkeit (Lightness) und Sättigung (Saturation) (Ostwaldsches HLS-Farbmodell)

So zeigen Sie drei gleich große Matrizen als Farbbild an:

1. Klicken Sie auf eine leere Stelle, und wählen Sie **Bild** im Menü **Einfügen**.

2. Geben Sie für den Platzhalter am unteren Rand des Bildbereichs, durch Kommas voneinander getrennt, die Namen der drei Matrizen ein.

Mathcad erstellt standardmäßig eine aus 3 Ebenen bestehende 256-Farben- bzw. RGB-Darstellung der Daten in den Matrizen. Diese Einstellung können Sie im Dialogfeld **Eigenschaften** und in der Bild-Symbolleiste ändern. Siehe „Ändern von Bildern" auf Seite 123.

Online-Hilfe Da die in der Bildwiedergabe verwendeten Matrizen relativ groß sein können, ist diese Methode der Bilderstellung besonders nützlich, wenn Sie Grafikdateien mittels der in der Online-Hilfe beschriebenen **Dateizugriffsfunktionen** importieren. Mit der Funktion BMPLESEN können Sie beispielsweise eine externe Grafikdatei in eine Matrix einlesen und diese anschließend als Bild anzeigen.

Erstellen eines Bildes durch Verweis auf eine Bilddatei

Mathcad kann ein Bild direkt aus einer Reihe von Bilddateiformaten erstellen, z.B. BMP, JPEG, GIF, TGA und PCX. Klicken Sie auf einen leeren Bereich.

1. Wählen Sie dann im Menü **Einfügen** den Eintrag **Bild**, oder klicken Sie in der Symbolleiste „Matrix" auf 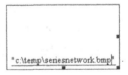.

2. Erstellen Sie eine Zeichenfolge im Platzhalter, indem Sie ein doppeltes Anführungszeichen ["] und anschließend den Namen einer Bilddatei im aktuellen Verzeichnis bzw. den vollständigen Pfad zu einer Bilddatei eingeben.

" c:\temp\seriesnetwork.bmp"

3. Klicken Sie außerhalb des Bildbereichs. Die
   Bitmap-Datei wird angezeigt.

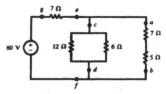

Bei jedem Öffnen des Arbeitsblatts oder Ausführen von Berechnungen wird die
Bitmap-Datei in den Bildbereich eingelesen.

Hinweis   Wenn Sie die Ausgangsbilddatei ändern, muss das Arbeitsblatt neu berechnet werden, damit das
geänderte Bild angezeigt werden kann. Wenn Sie die Bilddatei verschieben, kann Mathcad sie
nicht mehr finden.

Ändern von Bildern

Sie können die Ausrichtung, Anzeige (Zoom- und Schwenk-Faktoren), Helligkeit,
Kontrast und Graustufenzuordnung eines Bildes mithilfe der Bild-Symbolleiste in
Mathcad verändern. Gehen Sie dazu wie folgt vor:

1. Klicken Sie auf das Bild, so dass um das Bild herum ein
   schraffierter Rand angezeigt wird (siehe Abbildung
   rechts).
2. Daraufhin wird die Bild-Symbolleiste angezeigt.
   Bewegen Sie den Mauszeiger über jedes Symbol, um die
   zugehörige QuickInfo anzuzeigen.

3. Wenn Sie die Größe des Bildes durch Ziehen am Rahmen
   verändern, müssen Sie rechts darauf klicken und im
   Kontextmenü die Option **Zoom (Größe anpassen) >
   Zoom to Window (Größe an Fenster anpassen)**
   wählen, damit es in die neue Rahmengröße passt.

Online-Hilfe   Weitere Details finden Sie unter „Arbeiten mit einem Bild" in der Online-Hilfe.

Importieren von Bildern aus einer Datei

Sie können ein Bild aus einer anderen Anwendung kopieren und es in Mathcad
einfügen.

Hinweis   Holen Sie ein Bild mit dem Befehl **Einfügen** im Menü **Bearbeiten** oder mittels „Ziehen und
Einfügen" aus einer anderen Anwendung, fügen Sie damit ein verknüpftes OLE-*Objekt* in Ihr
Mathcad-Arbeitsblatt ein (siehe „Einfügen von Objekten" auf Seite 124). Wenn Sie auf ein
verknüpftes OLE-Objekt doppelklicken, aktivieren Sie die Anwendung, in der das Objekt
erstellt wurde, und können das Objekt direkt in Ihrem Mathcad-Arbeitsblatt bearbeiten.

Mit dem Befehl **Inhalte einfügen** im Menü **Bearbeiten** können Sie ein Bild als nicht
bearbeitbare Meta- oder Bitmapdatei einfügen. Die Größe einer Metadatei lässt sich in
Mathcad ohne Einbußen bei der Auflösung ändern, während eine Bitmapdatei am
besten in Originalgröße betrachtet wird. Eine geräteunabhängige Bitmap oder DIB wird

in einem Bitmap-Format gespeichert, das auf andere Betriebssysteme übertragen werden kann.

Mathcad speichert die Farbtiefe, d.h. die Anzahl der Farben im Bild, wenn Sie das Bild in das Arbeitsblatt einfügen. Arbeitsblätter, die Farbbilder enthalten, können problemlos auf Systemen mit unterschiedlichen Farbanzeigen gespeichert werden.

Tipp Beim Importieren von Bildern werden die Bildinformationen als Teil des Mathcad-Arbeitsblattes gespeichert, was den Umfang der Datei vergrößert. Sie können die Größe der Datei reduzieren, indem Sie sie im Format XMCDZ (komprimiertes XML) speichern.

Formatieren eines Bildes

Ändern der Größe eines Bildes

So ändern Sie die Größe eines Bildbereichs:

1. Klicken Sie mit der Maus in den Bildbereich, um ihn auszuwählen.

2. Positionieren Sie den Mauszeiger über einem der Haltepunkte am Rand des Bereichs. Der Mauszeiger verwandelt sich in einen Doppelpfeil.

3. Drücken Sie die linke Maustaste, und ziehen Sie den Cursor bei gedrückter Maustaste in die Richtung, in die der Bildbereich vergrößert oder verkleinert werden soll.

Tipp Wenn Sie die Größe des Bildbereichs ändern, kann es sein, dass das darin angezeigte Bild verzerrt wird. Um das Größenverhältnis des Originalbildes zu bewahren, ziehen Sie diagonal an dem Haltepunkt in der Ecke rechts unten.

Wählen Sie **Eigenschaften** im Menü **Format** , um das Dialogfeld **Eigenschaften** zu öffnen und das Bild in seinen Ursprungszustand zurückzuversetzen bzw. um es mit einem Rahmen zu umgeben.

Einfügen von Objekten

Die OLE-Technik in Microsoft Windows ermöglicht das Einfügen statischer Bilder von Objekten in Mathcad (bzw. von Mathcad-Objekten in andere Anwendungen), so dass diese in ihren Ursprungsanwendungen beliebig bearbeitet werden können.

Ein Objekt kann in ein Mathcad-Arbeitsblatt *eingebettet* oder damit *verknüpft* werden. Ein verknüpftes Objekt muss in einer extern gespeicherten Datei vorliegen. Ein Objekt, das Sie einbetten, kann zum Zeitpunkt des Einfügens erstellt werden oder aus einer vorhandenen Datei stammen. Wird ein verknüpftes Objekt bearbeitet, wirken sich alle diese Änderungen auch auf die Originaldatei aus. Wird ein eingebettetes Objekt bearbeitet, wirken sich die Änderungen am Objekt nur im Mathcad-Arbeitsblatt aus. Das Originalobjekt in der Quellanwendung bleibt unverändert.

Einfügen von Objekten in ein Arbeitsblatt

Ein Objekt wird in Mathcad (eine OLE2-kompatible Anwendung) mithilfe des Befehls **Objekt** im Menü **Einfügen**, durch Kopieren und Einfügen oder durch Ziehen und Ablegen eingefügt. Objekte können in einem Mathcad-Arbeitsblatt einfach durch

Doppelklicken bearbeitet werden, wodurch in den meisten Fällen die *Aktivierung in Fremdanwendungen* der Quellanwendung ausgeführt wird.

Tipp Verwenden Sie dieselben Methoden zum Einfügen eines *Mathcad-Objekts* in eine andere Anwendung und zum Bearbeiten wie zum Einfügen von Objekten in Mathcad-Arbeitsblätter. Doppelklicken Sie auf das Mathcad-Objekt, um es zu bearbeiten. Wenn die Anwendung „Aktivierung in Fremdanwendung" unterstützt, werden die Menüs und Symbolleisten durch die von Mathcad ersetzt.

Befehl Objekt im Menü Einfügen

So fügen Sie eine neue oder vorhandene Datei ein:

1. Klicken Sie im Arbeitsblatt auf eine leere Stelle.

2. Wählen Sie **Objekt** im Menü **Einfügen**, um das Dialogfeld **Objekt einfügen** zu öffnen.

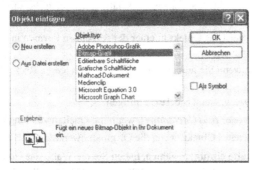

So erstellen Sie ein neues Objekt:

1. Wählen Sie eine Anwendung in der Liste „Objekttyp", in der Ihre installierten Anwendungen aufgeführt sind.

2. Die Quellanwendung wird geöffnet, so dass Sie ein Objekt erstellen können. Wenn Sie die Quellanwendung beenden, wird das von Ihnen erstellte Objekt in Ihr Mathcad-Arbeitsblatt eingebettet.

So fügen Sie eine vorhandene Datei ein:

1. Aktivieren Sie im Dialogfeld **Objekt einfügen** die Option **Aus Datei erstellen**.

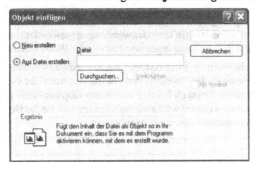

2. Geben Sie den Pfad zur Objektdatei ein, oder klicken Sie auf **Durchsuchen**, um ihn zu suchen.

3. Aktivieren Sie **Verknüpfen**, um ein verknüpftes Objekt einzufügen. Andernfalls wird das Objekt eingebettet.

Einfügen von Objekten in ein Arbeitsblatt

Sie können ein Objekt in einer Quellanwendung kopieren und es von dort direkt in Mathcad einfügen. Diese Methode ist besonders nützlich, wenn Sie keine ganze Datei einfügen möchten.

So fügen Sie ein eingebettetes oder verknüpftes Objekt durch Kopieren in ein Arbeitsblatt ein:

1. Öffnen Sie die Quellanwendung, die das Objekt enthält, und kopieren Sie das Objekt.

2. Klicken Sie in das Mathcad-Arbeitsblatt, und wählen Sie **Einfügen** oder **Inhalte einfügen** im Mathcad-Menü **Bearbeiten**.

Mit **Einfügen** wird das Objekt in einer der folgenden Formen in Ihr Mathcad-Arbeitsblatt eingefügt:

- als *Matrix*, wenn Sie numerische Daten in einen leeren Rechenbereich-Platzhalter einfügen

- als *Textbereich*, wenn Sie Text einfügen

- als *Bitmap* oder *Bild (Metadatei)*, wenn die Quellanwendung Bilder erzeugt

- als eingebettetes Objekt, wenn die Originalanwendung OLE unterstützt

Wenn Sie **Inhalte einfügen** wählen, haben Sie die Wahl, das Objekt in einem der folgenden Formate einzufügen: als eingebettetes oder verknüpftes OLE-Objekt, als Bild (Metadatei) oder als Bitmap.

Ziehen und Ablegen von Objekten in einem Arbeitsblatt

Sie können ein OLE-Objekt auch direkt aus einer anderen Anwendung in ein Mathcad-Arbeitsblatt ziehen. Bei dieser Methode des Kopierens können Sie jedoch keine Verknüpfung zu dem Objekt erstellen.

Bearbeiten von eingebetteten Objekten

Doppelklicken Sie auf ein eingebettetes Objekt in einem Mathcad-Arbeitsblatt, so dass statt der Mathcad-Menüs und -Symbolleisten die Menüs und Symbolleisten der anderen Anwendung angezeigt werden, und um das Objekt eine gestrichelte Linie erscheint. Sie können die Aktivierung in Fremdanwendungen verwenden, um in Mathcad Objekte zu bearbeiten, die in Anwendungen wie Excel oder Word erstellt wurden.

Wenn die Quellanwendung die Aktivierung in Fremdanwendungen in Mathcad nicht unterstützt oder wenn das Objekt verknüpft ist, unterscheidet sich das Verhalten. Bei einem eingebetteten Objekt wird eine Kopie des Objekts in ein Fenster der anderen Anwendung oder das Objekt wird als Symbol eingefügt. Ist das Objekt verknüpft, öffnet die Quellanwendung die Datei mit dem Objekt.

Bearbeiten von Verknüpfungen

Wenn Sie ein verknüpftes Objekt in ein Mathcad-Arbeitsblatt eingebettet haben, können Sie die Verknüpfung aktualisieren, entfernen oder die mit dem Objekt verknüpfte Quelldatei ändern. Wählen Sie dazu im Menü **Bearbeiten** die Option **Verknüpfungen**.

Online-Hilfe   Informationen zu den Optionen im Dialogfeld finden Sie in der Online-Hilfe unter „Dialogfeld Verknüpfungen".

Einfügen von mathematisch verknüpften Grafiken in Ihr Arbeitsblatt

Wenn Sie ein Objekt einfügen möchten, das mit Ihrem Mathcad-Arbeitsblatt mathemathisch verknüpft ist, können Sie eine *Komponente* einfügen. Eine Komponente ist ein spezielles OLE-Objekt, das mittels dynamischer Verknüpfung Daten aus Mathcad empfangen und an Mathcad zurückgeben kann. Mit der SmartSketch-Komponente beispielsweise können Sie SmartSketch-Zeichnungen einfügen, deren Dimensionen mit Ihren Mathcad-Berechnungen mathematisch verknüpft sind.

Abbildung 10-1 zeigt ein Beispiel für die Verwendung der SmartSketch-Komponente. Außer der SmartSketch-Komponente enthält Mathcad mehrere Komponenten für den Austausch von Daten mit Excel und MATLAB.

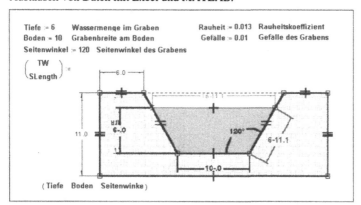

Abbildung 10-1: In ein Mathcad-Arbeitsblatt eingefügte SmartSketch-Komponente.

Online-Hilfe   Informationen über die Verwendung von *Komponenten* für das Importieren und Exportieren von Daten und das dynamische Verknüpfen von Mathcad mit anderen Anwendungen finden Sie in der Online-Hilfe unter „Accessing External Files and Applications" (Zugreifen auf externe Dateien und Anwendungen).

Kapitel 11
2D-Diagramme

- ◆ 2D-Diagramme – Überblick
- ◆ Grafische Darstellung von Funktionen und Ausdrücken
- ◆ Grafisches Darstellen von Datenvektoren
- ◆ Formatieren von 2D-Diagrammen
- ◆ Ändern der 2D-Diagrammperspektive
- ◆ Animationen

2D-Diagramme – Überblick

Um eine Funktion, einen Ausdruck einer einzelnen Variablen oder Datenvektoren in Mathcad bildlich darzustellen, können Sie entweder ein kartesisches X-Y-Diagramm oder ein Kreisdiagramm erstellen. Ein typisches Kreisdiagramm zeigt Winkelwerte, θ, gegenüber Radialwerten, r. In Abbildung 11-1 sind unterschiedliche Beispiele von 2D-Diagrammen abgebildet.

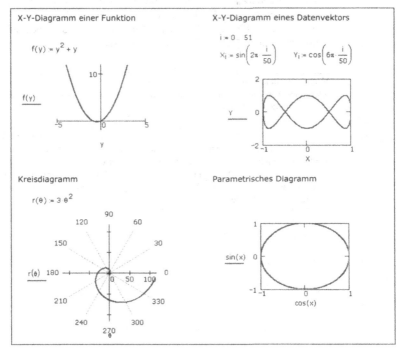

Abbildung 11-1: Beispiele für 2D-Diagramme.

Erstellen eines X-Y-Diagramms

So erstellen Sie ein X-Y-Diagramm:

1. Wählen Sie **Diagramm > X-Y-Diagramm** im Menü **Einfügen**, klicken Sie auf 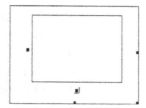 in der Diagramm-Symbolleiste, oder geben Sie @ ein. Mathcad fügt ein leeres X-Y-Diagramm ein.

2. Geben Sie in den x-Achsen-Platzhalter (Mitte unten) und den y-Achsen-Platzhalter (Mitte links) eine Funktion, einen Ausdruck oder eine Variable ein.

3. Klicken Sie außerhalb des Diagramms oder drücken Sie die [**Eingabetaste**].

Mathcad wählt die Achsenbegrenzungen automatisch aus. Um die Achsenbegrenzungen zu bestimmen, klicken Sie in das Diagramm, und überschreiben Sie die Zahlen in den Platzhaltern am Ende der Achsen.

Unter „Formatieren von 2D-Diagrammen" auf Seite 137 erfahren Sie, wie diese Standardwerte geändert werden.

Ändern der Größe von Diagrammen

Um die Größe eines Diagramms zu ändern, klicken Sie in das Diagramm, um es auszuwählen. Bewegen Sie dann den Cursor zu einem Ziehpunkt am Rand des Diagramms, bis der Cursor zu einem Doppelpfeil wird. Schieben Sie die Maus bei gedrückter Maustaste in die Richtung, in die das Diagramm vergrößert oder verkleinert werden soll.

Hinweis Mathcad stellt komplexe Punkte nicht grafisch dar. Um den Real- oder Imaginärteil eines Punkts oder eines Ausdrucks grafisch darzustellen, verwenden Sie die Funktionen *Re* und *Im* zum Extrahieren des Real- bzw. Imaginärteils.

Hinweis Wenn einige Punkte in einer Funktion oder einem Ausdruck gültig sind, andere dagegen nicht, stellt Mathcad nur die gültigen Punkte grafisch dar. Sind die Punkte nicht stetig, verbindet Mathcad sie nicht durch eine Linie. Wenn keiner der darzustellenden Punkte stetig ist, wird demzufolge ein leeres Diagramm angezeigt. Um die Punkte anzuzeigen, formatieren Sie die Spur so, dass Symbole für die Punkte angezeigt werden. Siehe „Formatieren von 2D-Diagrammen" auf Seite 137.

Erstellen eines Kreisdiagramms

So erstellen Sie ein Kreisdiagramm:

1. Wählen Sie **Diagramm > Kreisdiagramm** im Menü **Einfügen**, oder klicken Sie auf 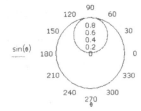 in der Diagramm-Symbolleiste.
2. Geben Sie in den Winkel-Achsen-Platzhalter (Mitte unten) und in den Radius-Achsen-Platzhalter (Mitte links) eine Funktion, einen Ausdruck oder eine Variable ein.

3. Klicken Sie außerhalb des Diagramms oder drücken Sie die [**Eingabetaste**].

Mathcad erstellt das Diagramm über einen Standardbereich unter Verwendung der Standardbegrenzungen.

Grafische Darstellung von Funktionen und Ausdrücken

2D-QuickPlots

Ein 2D-*QuickPlot* ist ein Diagramm, das anhand eines Ausdrucks oder einer Funktion erstellt wurde, der bzw. die die *y*-Koordinaten des Diagramms darstellt. Mathcad erstellt in einem Standardbereich automatisch ein Diagramm für unabhängige Variablen, mit einem Wertebereich von −10 bis 10 für X-Y-Diagramme und 0° bis 360° für Kreisdiagramme.

So erstellen Sie ein X-Y-Diagramm für einen einzelnen Ausdruck oder eine einzelne Funktion:

1. Geben Sie den Ausdruck oder die Funktion der darzustellenden einzelnen Variablen ein. Klicken Sie in den Ausdruck.

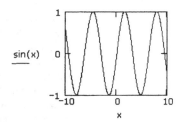

2. Wählen Sie **Diagramm > X-Y-Diagramm** im Menü **Einfügen**.
3. Klicken Sie außerhalb des Diagramms, oder drücken Sie die [**Eingabetaste**].

Um diesen Bereich für die unabhängigen Variablen in einem 2D-QuickPlot zu verändern, ändern Sie die Achsenbegrenzungen im Diagramm.

Definieren einer unabhängigen Variablen

Sie können den Bereich selber bestimmen, indem Sie die unabhängige Variable als eine Bereichsvariable definieren, bevor Sie das Diagramm erstellen.

1. Definieren Sie eine Bereichsvariable. Siehe „Bereichsvariablen" auf Seite 93.

2. Geben Sie den Ausdruck oder die Funktion ein, womit die Variable dargestellt werden soll. Klicken Sie in den Ausdruck.

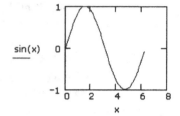

3. Wählen Sie **Diagramm > X-Y-Diagramm** im Menü **Einfügen**.

4. Geben Sie den Namen der Variablen in den Platzhalter der x-Achse ein.

5. Klicken Sie außerhalb des Diagramms, oder drücken Sie die [**Eingabetaste**].

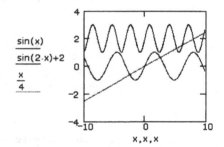

Mathcad zeichnet für jeden Wert der Bereichsvariablen einen Punkt und verbindet die einzelnen Punktpaare mit einer geraden Linie, es sei denn, Sie haben etwas anderes festgelegt. Um eine möglichst gleichmäßige Kurve zu erhalten, verkleinern Sie den Bereich für die Schrittweite der Bereichsvariablen.

Grafisches Darstellen mehrerer 2D-Kurven in einem Diagramm

Sie können innerhalb desselben X-Y-Diagramms oder Kreisdiagramms mehrere Spuren grafisch darstellen. In einem Diagramm können dabei mehrere y-Achsen- oder Radius-Ausdrücke für denselben x-Achsen- oder Radius-Ausdruck dargestellt werden. Siehe Abbildung 11-3. Ein Diagramm kann aber auch mehrere y-Achsen- oder Radius-Ausdrücke für die entsprechenden x-Achsen- oder Winkel-Ausdrücke enthalten. Siehe Abbildung 11-2.

So erstellen Sie einen *QuickPlot* mit mehr als einer Spur:

1. Geben Sie die Ausdrücke oder Funktionen der darzustellenden einzelnen Variablen getrennt durch Kommas ein.

2. Klicken Sie in die Ausdrücke und wählen Sie **Diagramm > X-Y-Diagramm** im Menü **Einfügen**.

3. Klicken Sie außerhalb des Diagramms, oder drücken Sie die [**Eingabetaste**].

In einem *QuickPlot* mit mehreren Spuren müssen Sie nicht in jedem y-Achsen- oder Radius-Achsen-Ausdruck dieselbe unabhängige Variable verwenden. Mathcad sorgt für die jeweils dazugehörige Variable im x-Achsen- oder Winkel-Achsen-Platzhalter.

So erstellen Sie ein Diagramm mit mehreren unabhängigen Kurven:

1. Wählen Sie **Diagramm > X-Y-Diagramm** im Menü **Einfügen**.

2. Geben Sie zwei oder mehr durch Kommas getrennte Ausdrücke in den Platzhalter für die y-Achse ein.

3. Geben Sie dieselbe Anzahl Ausdrücke, wiederum durch Kommas getrennt, in den Platzhalter für die x-Achse ein.

Wenn Sie mehr als eine unabhängige Variable bestimmen, gibt Mathcad die Ausdrücke in Klammerpaaren an. Der erste Ausdruck der x-Achse zusammen mit dem ersten Ausdruck der y-Achse, den zweiten mit dem zweiten, und so weiter. Anschließend zeichnet das Programm für jedes dieser Paare eine Spur. Siehe Beispiel in Abbildung 11-2.

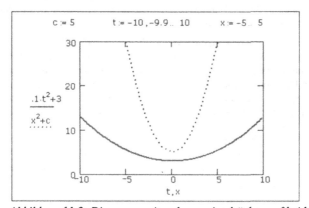

Abbildung 11-2: Diagramm mit mehreren Ausdrücken auf beiden Achsen.

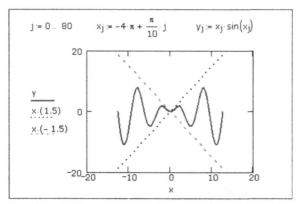

Abbildung 11-3: Diagramm mit mehreren Ausdrücken auf der y-Achse.

Hinweis Alle Spuren in einem Diagramm verwenden dieselben Achsenbegrenzungen. Die Ausdrücke und Begrenzungen auf der jeweiligen Achse müssen kompatible Einheiten verwenden.

Erstellen parametrischer Diagramme

Ein parametrisches Diagramm ist die grafische Darstellung einer Funktion oder eines Ausdrucks zu einer anderen Funktion oder einem anderen Ausdruck, die bzw. der dieselbe unabhängige Variable verwendet. Sie können sowohl parametrische X-Y-Diagramme als auch parametrische Kreisdiagramme erstellen.

So erstellen Sie ein parametrisches X-Y-Diagramm:

1. Wählen Sie **Diagramm > X-Y-Diagramm** im Menü **Einfügen**.

2. Geben Sie in den Platzhalter der *x*-Achse und in den Platzhalter der *y*-Achse eine Funktion oder einen Ausdruck ein.

3. Drücken Sie die [**Eingabetaste**].

Mathcad erstellt in einem Standardbereich einen *QuickPlot* für die unabhängige Variable. Ein Beispiel für ein parametrisches Diagramm ist in Abbildung 11-1 dargestellt.

Wenn Sie nicht möchten, dass Mathcad einen Standardbereich für das Diagramm festlegt, definieren Sie die unabhängige Variable als Bereichsvariable, bevor Sie das Diagramm erstellen. Mathcad zeichnet für jeden Wert der unabhängigen Variablen einen Punkt und verbindet die einzelnen Punktepaare mit einer geraden Linie. In Abbildung 11-4 sind zwei Funktionen von θ gegeneinander dargestellt. Die Bereichsvariable θ wurde definiert, bevor das Diagramm erstellt wurde. Siehe „Bereichsvariablen" auf Seite 93.

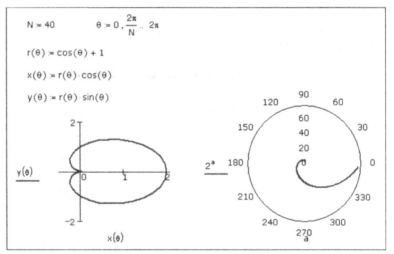

Abbildung 11-4: Gegeneneinanderdarstellen von zwei Funktionen. Im X-Y-Diagramm ist die unabhängige Variable θ als Bereichsvariable definiert. Im Kreisdiagramm hat Mathcad einen Bereich für die unabhängige Variable a ausgewählt.

Grafisches Darstellen von Datenvektoren

Ein Datenvektor kann entweder in einem X-Y- oder Kreisdiagramm dargestellt werden. Um zu bestimmen, welche Elemente grafisch dargestellt werden sollen, muss der Vektor tiefgestellt sein. In Abbildung 11-5 finden Sie einige Beispiele für Diagramme von Datenvektoren.

Grafisches Darstellen eines einzelnen Datenvektors

So erstellen Sie ein X-Y-Diagramm eines einzelnen Datenvektors:

1. Definieren Sie eine Bereichsvariable, z. B. i, auf die der tiefgestellte Index der einzelnen darzustellenden Vektorelemente verweist. Bei einem Vektor mit 10 Elementen lautet die tiefgestellte Index-Bereichsvariable z. B. $i := 0 .. 9$.

2. Wählen Sie **Diagramm > X-Y-Diagramm** im Menü **Einfügen**.

3. Geben Sie in den unteren Platzhalter i und in den linken Platzhalter den Vektornamen und den tiefgestellten Index (z. B. y_i) ein. Zum Tiefstellen geben Sie [ein.

Hinweis Tiefgestellte Indizes müssen größer oder gleich dem ORIGIN sein, was bedeutet, dass die x-Achse oder Winkelvariable im Diagramm der Abbildung 11-5 nur durch ganze Zahlenwerte laufen kann. Falls Sie für die x-Achse negative oder gebrochene Werte verwenden möchten, müssen Sie, wie im folgenden Abschnitt beschrieben, eine Funktion oder einen Vektor gegen einen anderen darstellen.

Tipp Bei Vorhandensein mehrerer Datenpunkte können Sie, wie im zweiten Diagramm in Abbildung 11-5 oder Abbildung 11-7 dargestellt, einen Vektor mithilfe einer Datentabelle erstellen. Siehe „Eingabe einer Matrix als Datentabelle" auf Seite 46.

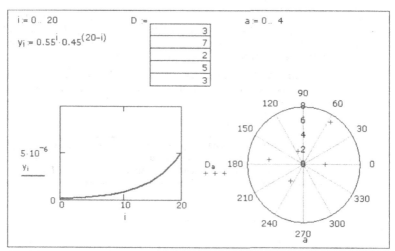

Abbildung 11-5: Grafische Darstellung eines Vektors.

Darstellen eines Datenvektors gegen einen anderen

Um alle Elemente eines Datenvektors gegen alle Elemente eines anderen grafisch darzustellen, geben Sie die Namen der Vektoren in die Platzhalter der Achsen ein:

1. Definieren Sie die Vektoren x und y.

2. Wählen Sie **Diagramm > X-Y-Diagramm** im Menü **Einfügen**.

3. Geben Sie y in die Platzhalter der y-Achse und x in die Platzhalter der x-Achse ein. (siehe Abbildung 11-6).

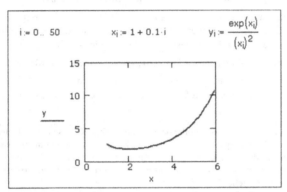

Abbildung 11-6: Grafische Darstellung zweier Vektoren.

Hinweis Wenn die darzustellenden Vektoren nicht dieselbe Länge haben, zeichnet Mathcad nur die Anzahl der Elemente des kürzeren Vektors.

Wenn Sie nur bestimmte Vektorelemente grafisch darstellen möchten, definieren Sie eine Bereichsvariable und verwenden Sie sie als tiefgestellten Index für die Vektornamen. Gehen Sie zum grafischen Gegenüberstellen der Elemente 5 bis 10 von x und y aus dem Beispiel oben wie folgt vor:

1. Definieren Sie eine Bereichsvariable, z. B. k, in 1er Schritten von 4 bis 9. (Bedenken Sie, dass die ersten Elemente eines Vektors x und y standardmäßig x_0 und y_0 betragen.)

2. Geben Sie y_k und x_k in die Platzhalter der Achsen ein.

Hinweis Wenn Sie einen Satz Datenwerte grafisch darstellen möchten, erstellen Sie einen Vektor, indem Sie Daten aus einer Datendatei einlesen, über die Zwischenablage einfügen oder direkt in eine Datentabelle eingeben. Siehe Kapitel 5, „Bereichsvariablen und Felder". In Abbildung 11-7 finden Sie ein Beispiel für die Verwendung einer Datentabelle.

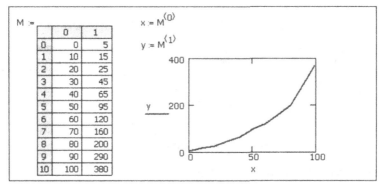

Abbildung 11-7: Grafische Darstellung von Vektoren mit Daten einer Eingabetabelle. Weisen Sie die Spalte 0 dem Vektor x und die Spalte 1 dem Vektor y zu. Erstellen Sie den hoch gestellten Index über [Ctrl]6.

Formatieren von 2D-Diagrammen

Sie können die Standardeinstellungen von Mathcad für Achsen und Spuren überschreiben, Titel und Beschriftungen hinzufügen und andere Einstellungen für ein Diagramm festlegen.

1. Doppelklicken Sie auf das Diagramm, um das Dialogfeld für die Diagrammformatierung zu öffnen.

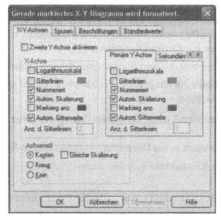

2. Über die Registerkarte **Achsen** legen Sie die Darstellung der Achsen und der Gitterlinien fest. Über die Registerkarte **Spuren** bestimmen Sie Farbe, Typ und Breite der Spuren. Verwenden Sie die Registerkarte **Beschriftungen**, um Beschriftungen an den Achsen (nur X-Y-Diagramme) einzufügen, und legen Sie einen Titel für das Diagramm fest. Über die Registerkarte **Standardwerte** legen Sie fest, wie die Diagramme standardmäßig aussehen sollen.

3. Klicken Sie auf **Übernehmen,** wenn Sie *vor dem Schließen* des Dialogfelds sehen möchten, welche Auswirkungen die Änderungen haben.

Hinweis Klicken Sie auf der Registerkarte **Spuren** in der Spalte **Legendenname** auf einen Namen und ändern Sie die Eigenschaften durch Klicken auf den Pfeil neben den Dropdown-Optionen.

Tipp Wenn Sie in einem Diagramm auf eine Achse doppelklicken, wird ein Dialogfeld geöffnet, in dem Sie ausschließlich die Formatierung für diese Achse festlegen können.

Online-Hilfe Durch Klicken auf **Hilfe** unten im Dialogfeld können Sie sich weitere Informationen zu bestimmten Formatoptionen anzeigen lassen.

Festlegen von Achsenbegrenzungen

Standardmäßig ist für 2D-Diagramme die Option **Autom. Skalierung** aktiviert. Diese Option können Sie auf der Registerkarte **Achsen** im Dialogfeld **Momentan ausgewähltes X-Y-Diagramm formatieren** aktivieren bzw. deaktivieren.

- Wenn **Autom. Skalierung** aktiviert ist, wird für jede Achsenbegrenzung die erste Hauptskalenmarkierung hinter dem Ende der Daten festgelegt, sodass jeder Punkt grafisch dargestellt wird.

- Wenn **Autom. Skalierung** deaktiviert ist, endet die Achse direkt mit dem letzten Datenpunkt.

Festlegen anderer Begrenzungen

Sie können die automatisch von Mathcad festgelegten Begrenzungen außer Kraft setzen, indem Sie direkt im Diagramm neue Begrenzungen eingeben:

1. Klicken Sie in das Diagramm, um es auszuwählen. Es werden in Ecksymbolen eingefasste Zahlen für jede Achsenbegrenzung angezeigt, wie in dem in Abbildung 11-8 dargestellten markierten Diagramm.

2. Um Zahlen zu ersetzen, klicken Sie auf eine Zahl und geben eine neue ein.

3. Wenn Sie außerhalb des Diagramms klicken, wird es mit neuen Achsenbegrenzungen erneut erstellt.

Hinzufügen benutzerdefinierter Titel, Beschriftungen und weiterer Anmerkungen

Sie können Anmerkungen in ein Diagramm einfügen, indem Sie Text hineinziehen.

1. Erstellen Sie im Arbeitsblatt einen Textbereich oder fügen Sie ein Grafikobjekt hinzu.

2. Ziehen Sie den Text oder das Objekt in Ihr 2D-Diagramm an die gewünschte Stelle.

Abbildung 11-9 zeigt ein Diagramm, das sowohl einen Textbereich („Wendepunkt") als auch ein grafisches Objekt (Pfeil) enthält.

Hinweis Wenn Sie **Bereiche trennen** im Menü **Format** wählen, werden alle überlappenden Bereiche im Arbeitsblatt von einander getrennt, auch die Anmerkungen auf einem Diagramm.

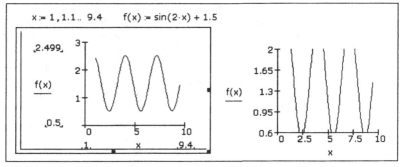

Abbildung 11-8: Die Datenbegrenzungen des linken Diagramms wurden von Mathcad automatisch mit Werten zwischen 0,5 und 2,499 erstellt. Dies können Sie erkennen, wenn das Diagramm markiert ist. Das zweite Diagramm zeigt die neuen y-Achsenbegrenzungen, die manuell von 0,6 bis 2,0 festgelegt wurden.

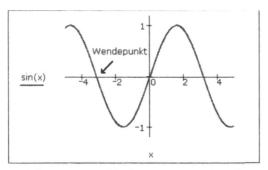

Abbildung 11-9: Mathcad-Diagramm mit Anmerkungen.

Ändern der 2D-Diagrammperspektive

In Mathcad können Sie sich alle 2D-Diagramme vergrößert bzw. verkleinert anzeigen lassen, und die Koordinaten aller Spuren im Diagramm bestimmen.

Vergrößern eines Diagramms

So vergrößern Sie Teile eines Diagramms:

1. Klicken Sie in das Diagramm und wählen Sie **Diagramm > Zoom** im Menü **Format**, oder klicken Sie zum Öffnen des Dialogfeldes **Zoom** auf 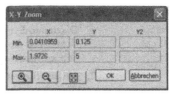 in der Diagramm-Symbolleiste.

2. Klicken Sie mit der Maus auf eine Ecke im Diagramm.

3. Drücken Sie die Maustaste und ziehen Sie bei gedrückter Maustaste die Maus. Daraufhin wird ein gestricheltes Auswahlfeld vom Ankerpunkt aus mit den Koordinaten, die in den Textfeldern **Min.** und **Max.** (oder dem Textfeld **Radius** im Dialogfeld **Kreis-Zoom**) angegeben sind, eingeblendet.

4. Wenn der Auswahlumriss den Bereich umgibt, der vergrößert werden soll, können Sie die Maustaste loslassen. Klicken Sie gegebenenfalls auf diesen Auswahlumriss, halten Sie die Maustaste gedrückt und verschieben Sie den Umriss an eine andere Stelle des Diagramms.

5. Klicken Sie auf **Zoom**, um das Diagramm neu zu zeichnen. Die Achsenbegrenzungen werden vorübergehend auf die im Dialogfeld **Zoom** festgelegten Koordinaten gesetzt. Wenn diese Achsenbegrenzungen dauerhaft angewendet werden sollen, klicken Sie auf **OK**.

Tipp   Um die Standardgröße des Diagramms wieder herzustellen, klicken Sie im Dialogfeld **Zoom** auf **Originalansicht**.

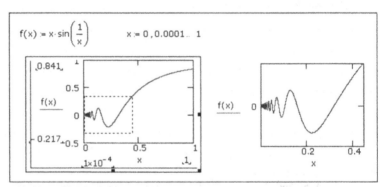

Abbildung 11-10: Vergrößert dargestellter Bereich eines X-Y-Diagramms wird erneut als vollständiges Diagramm (oben) dargestellt.

Auslesen von Diagrammkoordinaten

So gehen Sie zum Anzeigen der Diagrammkoordinaten für bestimmte Punkte vor:

1. Klicken Sie in das Diagramm und wählen Sie **Diagramm > Koordinaten ablesen** im Menü **Format**, oder klicken Sie zum Öffnen des Dialogfeldes **X-Y-Koordinaten ablesen** auf  in der Diagramm-Symbolleiste. Stellen Sie sicher, dass die Option „Koordinaten ablesen" aktiviert ist.

2. Klicken Sie mit der Maus und ziehen Sie sie entlang der Spur, deren Koordinaten Sie angezeigt bekommen möchten. Ein gepunktetes Fadenkreuz springt von Punkt zu Punkt, während Sie den Mauszeiger auf der Spur bewegen.

3. Wenn Sie die Maustaste loslassen, können Sie mit dem Links- oder Rechtspfeil zum vorangehenden oder nachfolgenden Datenpunkt gehen. Mithilfe der Nach-oben- und Nach-unten-Pfeiltaste können Sie andere Spuren auswählen.

4. Immer, wenn der Mauszeiger einen Punkt auf der Spur erreicht, zeigt Mathcad die Werte für diesen Punkt in den Feldern X-Wert und Y-Wert (bzw. im Dialogfeld **Kreisdiagrammdaten ablesen** in den Feldern **Radius** und **Winkel**) an.

5. In den Feldern werden jeweils die Werte für den zuletzt ausgewählten Punkt angezeigt. Das Fadenkreuz wird so lange angezeigt, bis Sie außerhalb des Diagramms klicken.

Tipp Wenn Sie im Dialogfeld **Koordinaten ablesen** die Option **Nur Datenpunkte** deaktivieren, sehen Sie eine Ausgabe aller Koordinaten im Diagramm und nicht nur die Datenpunkte, aus denen sich ein individuelles Diagramm zusammensetzt.

Abbildung 11-11 zeigt ein Beispiel für ein Diagramm, dessen Koordinaten ausgelesen werden.

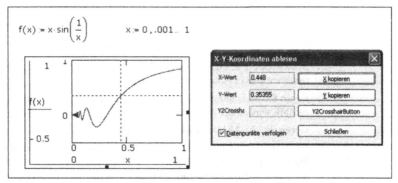

Abbildung 11-11: Lesen von Koordinaten aus einem Diagramm.

So kopieren und fügen Sie Koordinaten ein:

1. Klicken Sie auf **X kopieren** bzw. **Y kopieren** (oder bei einem Kreisdiagramm auf **Radius kopieren** bzw. **Winkel kopieren**).

2. Fügen Sie den Wert in Ihr Arbeitsblatt oder eine andere Anwendung ein.

Animationen

In diesem Abschnitt wird beschrieben, wie Sie in Mathcad kurze Animationen erstellen und wiedergeben können. Dazu wird die vordefinierte Variable FRAME verwendet. Alles, was Sie von dieser Variablen abhängig machen können, können Sie auch animieren.

Erstellen einer Animation

Die vordefinierte Variable FRAME wird für Animationen verwendet. So erstellen Sie eine Animation:

1. Erstellen Sie einen Ausdruck, ein Diagramm oder eine Gruppe von Ausdrücken, deren Darstellung letztlich vom Wert der Konstanten FRAME abhängig ist. Dieser Ausdruck muss kein Diagramm sein. Es kann sich um einen beliebigen Ausdruck handeln.

2. Wählen Sie **Animation > Aufzeichnen** im Menü **Extras**, um das Dialogfeld **Animation aufzeichnen** aufzurufen.

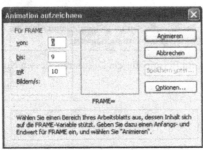

3. Markieren Sie mit der Maus den Teil Ihres Arbeitsblatts, den Sie animieren möchten, wie in Abbildung 11-12 gezeigt wird.

4. Legen Sie im Dialogfeld den Anfangs- und Endwert für FRAME fest. Die Variable FRAME wird in der Animation in Einerschritten aufgezeichnet.

5. Geben Sie die Abspielgeschwindigkeit in das Feld **mit Bildern/s** ein.

6. Klicken Sie auf **Animieren**. Sie sehen eine kleine Darstellung Ihrer Auswahl im Dialogfeld. Mathcad erstellt diese Vorschau neu für jeden Wert von FRAME. Diese Vorschau-Animation entspricht nicht zwingend der Wiedergabegeschwindigkeit, da Sie zu diesem Zeitpunkt die Animation lediglich *erstellen*, sie aber noch nicht wiedergeben.

7. Um die Animation als Windows-AVI-Datei zu speichern und sie damit für andere Windows-Anwendungen verfügbar zu machen, klicken Sie im Dialogfeld **Animieren** auf **Speichern unter**.

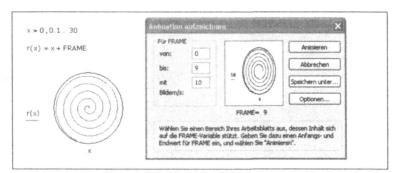

Abbildung 11-12: Auswahl eines Animationsbereichs und Ansicht der Animation innerhalb des Dialogfeldes.

Wiedergeben einer Animation

Sobald Sie eine Animation erstellt haben, öffnet Mathcad ein Wiedergabefenster:

Klicken Sie zur Wiedergabe der Animation auf den Pfeil unten links im Fenster. Sie können die Animation auch in aufeinander folgenden Bildern wiedergeben, und zwar vorwärts oder rückwärts, indem Sie den Schieberegler betätigen.

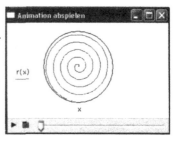

Wiedergeben einer gespeicherten Animation

Sie können in Mathcad auch eine bereits auf Ihrer Festplatte gespeicherte Windows-AVI-Datei wiedergeben. Gehen Sie dazu wie folgt vor:

1. Wählen Sie **Animation > Wiedergeben** im Menü **Extras**, um das Dialogfeld **Animation wiedergeben** aufzurufen. Das Fenster ist ausgeblendet, weil noch kein Animations-Clip geöffnet wurde.

2. Klicken Sie auf die Schaltfläche rechts neben der Schaltfläche zum Abspielen und wählen Sie im Menü den Eintrag **Öffnen**. Laden Sie im Dialogfeld **Öffnen** die AVI-DATEI, die abgespielt werden soll.

Online-Hilfe   Weitere Informationen finden Sie in der Online-Hilfe unter „Creating Animations" (Animationen erstellen).

Kapitel 12
3D-Diagramme

♦ 3D-Diagramme – Überblick

♦ Erstellen von 3D-Diagrammen aus Funktionen

♦ Erstellen von 3D-Diagrammen aus Daten

♦ Formatieren von 3D-Diagrammen

3D-Diagramme – Überblick

Mit dreidimensionalen Diagrammen können Sie Funktionen mit ein oder zwei Variablen sowie Diagrammdaten in Form von x-, y-, und z-Koordinaten visualisieren. Mathcad stellt 3D-Diagramme als OpenGL-Grafik dar.

Einfügen von 3D-Diagrammen

So erstellen Sie ein dreidimensionales Diagramm:

1. Definieren Sie eine Funktion mit zwei Variablen oder eine Matrix aus Daten.

2. Wählen Sie **Diagramm** im Menü **Einfügen** und wählen Sie ein 3D-Diagramm aus oder klicken Sie auf eine der 3D-Diagramm-Schaltflächen in der Diagramm-Symbolleiste. Mathcad fügt nun ein leeres 3D-Diagramm mit Achsen und einen leeren Platzhalter ein.

3. Geben Sie den Namen der Funktion oder der Matrix in den Platzhalter ein.

4. Klicken Sie außerhalb des Diagramms oder drücken Sie die [**Eingabetaste**], um das Diagramm anzuzeigen.

Das unten dargestellte Flächendiagramm wurde z. B. von Mathcad anhand der folgenden Funktion erstellt:

$$F(x,y) := \sin(x) + \cos(y)$$

Das Anlegen eines 3D-Diagramms einer Funktion wird *QuickPlot* genannt. Ein *QuickPlot* verwendet Standardlaufbereiche und Standardschrittweiten für die unabhängigen Variablen. Wenn Sie diese Einstellungen ändern möchten, doppelklicken Sie auf das Diagramm und nehmen Sie auf der Registerkarte **QuickPlot-Daten** im Dialogfeld **3D-Diagrammformat** die gewünschten Änderungen vor. (siehe „Formatieren von 3D-Diagrammen" auf Seite 154).

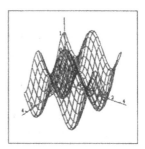

F

3D-Diagrammassistent

Mit dem *3D-Diagrammassistenten* können Sie die Formateinstellungen von Diagrammen beim Einfügen besser steuern.

1. Wählen Sie **Diagramm > 3D-Diagrammassistent** im Menü **Einfügen**.

2. Wählen Sie ein dreidimensionales Diagramm aus.

3. Bestimmen Sie auf den folgenden Seiten des Assistenten, wie das Diagramm aussehen und welche Farbe es haben soll. Klicken Sie auf **Fertig stellen**. Das Diagramm wird mit einem leeren Platzhalter in Ihr Arbeitsblatt eingefügt.

4. Geben Sie geeignete Argumente (einen Funktionsnamen, Datenvektoren, usw.) für das 3D-Diagramm in den Platzhalter ein.

5. Klicken Sie außerhalb des Diagramms oder drücken Sie die [**Eingabetaste**].

Erstellen von 3D-Diagrammen aus Funktionen

Sie können verschiedene 3D-Diagramme aus Funktionen mit Befehlen aus dem Menü **Einfügen** erstellen, und Sie können die Einstellungen über das Dialogfeld **3D-Diagrammformat** ändern oder den 3D-Diagrammassistenten verwenden.

Tipp Um verschiedene zwei- und dreidimensionale als Diagramm veranschaulichte Funktionen und Datensätze anzusehen, besuchen Sie die „Graphics Gallery" (Grafikgallerie) in der Mathcad-Web-Bibliothek unter http://www.mathcad.com/library/.

Erstellen von Flächen-, Säulen-, Umriss- und Streuungsdiagrammen

Sie können jede Funktion zweier Variablen in einem dreidimensionalen Flächen-, Säulen-, Umriss- und Streuungsdiagramm darstellen.

Schritt 1: Eine Funktion bzw. einen Funktionssatz definieren

Definieren Sie als Erstes die Funktion auf Ihrem Arbeitsblatt nach einem der folgenden Muster:

$$F(x,y) := \sin(x) + \cos(y) \qquad G(u,v) := \begin{pmatrix} 2 \cdot u \\ 2 \cdot u \cdot \cos(v) \\ 2 \cdot \cos(v) \end{pmatrix} \qquad \begin{aligned} X(u,v) &:= v \\ Y(u,v) &:= v \cdot \cos(u) \\ Z(u,v) &:= \sin(u) \end{aligned}$$

Die Werte der x- und y-Koordinaten und Variablen eines Diagramms sind standardmäßig mit Werten von –5 bis 5 und Schrittweiten von 0,5 festgelegt. $F(x,y)$ ist eine Funktion mit zwei Variablen. Jeder z-Koordinatenwert wird durch die Funktion unter Verwendung dieser x- und y-Werte bestimmt.

$G(u,v)$ ist eine vektorwertige Funktion mit zwei Variablen. Die x-, y-, und z-Koordinaten werden entsprechend den Definitionen in den drei Elementen des Vektors unter Verwendung der Werte für u- und v parametrisch dargestellt.

$X(u,v)$, $Y(u,v)$, und $Z(u,v)$ sind Funktionen mit zwei Variablen. Die x-, y-, und z-Koordinaten werden entsprechend den drei Funktionsdefinitionen unter Verwendung der Werte für u- und v parametrisch dargestellt.

Hinweis Bei den Funktionsbeschreibungen oben wird davon ausgegangen, dass Sie das kartesische Koordinatensystem verwenden. Sollte Ihre Funktion Koordinaten für ein sphärisches oder ein zylindrisches Koordinatensystem enthalten, können Sie diese automatisch in Koordinaten für ein kartesisches Koordinatensystem umwandeln lassen. Doppelklicken Sie dazu auf das Diagramm, gehen Sie auf die Registerkarte **QuickPlot-Daten** im Dialogfeld **3D-Diagrammformat**, und klicken Sie unter Koordinatensystem auf **Sphärisch** oder **Zylindrisch**.

Schritt 2: Ein 3D-Diagramm einfügen

Wählen Sie **Diagramm** im Menü **Einfügen**, und wählen Sie dann ein 3D-Diagramm aus.

So erstellen Sie ein Flächendiagramm für die oben definierten Funktionen X, Y und Z:

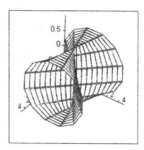

1. Wählen Sie **Diagramm > Flächendiagramm** im Menü **Einfügen**, um ein leeres 3D-Diagramm zu öffnen.
2. Geben Sie die Namen der Funktion in den Platzhalter ein. Trennen Sie die Namen durch Kommas, und setzen Sie sie in Klammern. Geben Sie für dieses Beispiel Folgendes ein: **(X,Y,Z)**
3. Drücken Sie die [**Eingabetaste**].

So ändern Sie den Typ Ihres 3D-Diagramms:

1. Doppelklicken Sie auf das Diagramm, um das Dialogfeld **3D-Diagrammformat** zu öffnen.
2. Wählen Sie auf der Registerkarte **Allgemein** den gewünschten Diagrammtyp aus.

Abbildung 12-1 zeigt ein 3D-Streuungsdiagramm der oben definierten Funktion G und ein Umrissdiagramm der oben definierten Funktion F.

Hinweis Alle 3D-QuickPlots sind parametrische Kurven oder Flächen. Mit anderen Worten, alle QuickPlots werden aus drei Datenvektoren oder Datenmatrizen erstellt, die die x-, y-, und z-Koordinaten des Diagramms darstellen. Im Falle einer einzelnen Funktion mit zwei Variablen erstellt Mathcad intern zwei Matrizen aus x- und y-Daten mit Standardwerten zwischen -5 bis 5 und einer Schrittweite von 0,5, und generiert dann z-Daten unter Verwendung der x- und y-Koordinaten.

Wenn Sie die Standardbereiche und -schrittweiten der unabhängigen Variablen ändern möchten, doppelklicken Sie auf das Diagramm und nehmen Sie auf der Registerkarte **QuickPlot-Daten** im Dialogfeld **3D-Diagrammformat** die gewünschten Änderungen vor.

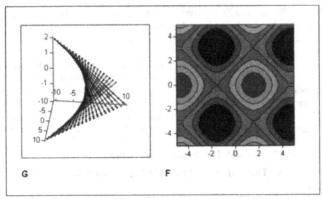

Abbildung 12-1: Streuungsdiagramm und Umrissdiagramm von Funktionen mit zwei Variablen.

Erstellen einer räumlichen Kurve

Sie können jede parametrisch definierte Funktion einer Variablen dreidimensional in einem Streuungsdiagramm darstellen.

Schritt 1: Eine Funktion bzw. einen Funktionssatz definieren

Definieren Sie als Erstes die Funktion auf Ihrem Arbeitsblatt nach einem der folgenden Muster:

$$H(u) := \begin{pmatrix} \sin(u) \\ \cos(u) \\ \sin(u) \cdot \cos(u) \end{pmatrix} \qquad \begin{aligned} R(u) &:= 2 \cdot u \\ S(u) &:= u^2 \\ T(u) &:= \cos(u) \end{aligned}$$

H(u) ist eine vektorwertige Funktion einer Variablen.

R(u), *S(u)*, und *T(u)* sind Funktionen einer Variablen.

Hinweis Eine räumliche Kurve stellt oft die Bahn eines bewegten Teilchens im Raum in Abhängigkeit vom Zeitparameter *u* dar.

Schritt 2: Ein 3D-Streuungsdiagramm einfügen

So erstellen Sie eine räumliche Kurve aus einer oder mehreren Funktionen:

1. Wählen Sie **Diagramm > 3D-Streuungsdiagramm** im Menü **Einfügen**, um ein leeres 3D-Diagramm zu öffnen.
2. Geben Sie den Namen der Funktion(en) getrennt durch Kommas in den Platzhalter ein. So erstellen Sie beispielsweise eine räumliche Kurve für die oben definierten Funktionen R, S und T: (**R,S,T**).

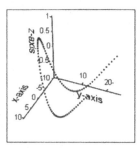

(R,S,T)

Weiterführende Informationen zum Formatieren finden Sie in der Online-Hilfe unter „Scatter Plots" (Streuungsdiagramme).

Erstellen von 3D-Diagrammen aus Daten

Sie können verschiedene 3D-Diagramme aus Daten mit Befehlen aus dem Menü **Einfügen** erstellen, und Sie können die Einstellungen über das Dialogfeld **3D-Diagrammformat** ändern oder den 3D-Diagrammassistenten verwenden.

Erstellen von Flächen-, Säulen- und Streuungsdiagrammen

Flächen-, Säulen- und Streuungsdiagramme bieten sich für die grafische Darstellung zweidimensionaler Daten in einer Matrix an. Sie können solche Daten entweder als zusammenhängende Fläche, als Säulen über oder unter einer Nullebene oder als Punkte im Raum darstellen.

So erstellen Sie ein Flächendiagramm aus Daten:

1. Erstellen oder importieren Sie die Matrix mit den darzustellenden Werten. Die Zeilen- und Spaltennummern entsprechen den Werten der x- und y-Koordinaten. Die Elemente der Matrix selbst sind die z-Koordinatenwerte über bzw. unter der xy-Ebene ($z = 0$).
2. Wählen Sie **Diagramm > Flächendiagramm** im Menü **Einfügen**.
3. Geben Sie den Namen der Matrix in den Platzhalter ein.

Abbildung 12-2 zeigt ein aus einer Matrix M erstelltes 3D-Säulendiagramm.

Standardmäßig wird das Diagramm so angezeigt, dass die erste Zeile der Matrix von der hinteren linken Ecke des Gitters aus nach rechts läuft, während die erste Spalte der Matrix von der hinteren linken Ecke in Richtung des Betrachters läuft. Zum Ändern der Standardansicht siehe „Formatieren von 3D-Diagrammen" auf Seite 154.

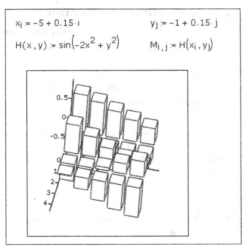

$x_i := -5 + 0.15 \cdot i$ $y_j := -1 + 0.15 \cdot j$

$H(x, y) := \sin\left(-2x^2 + y^2\right)$ $M_{i,j} := H\left(x_i, y_j\right)$

Abbildung 12-2: Definieren einer Datenmatrix und deren grafische Darstellung als 3D-Säulendiagramm.

Erstellen eines parametrischen Flächendiagramms

Ein parametrisches Flächendiagramm wird erstellt, indem drei Matrizen, die die Koordinaten x-, y-, und z der Punkte im Raum darstellen, an das Flächendiagramm übergeben werden.

So erstellen Sie ein parametrisches Flächendiagramm:

1. Erstellen oder importieren Sie drei Matrizen mit gleicher Spalten- und Zeilenanzahl.

2. Wählen Sie **Diagramm > Flächendiagramm** im Menü **Einfügen**.

3. Geben Sie die Namen der drei Matrizen in den Platzhalter ein. Trennen Sie die Namen durch Kommas und setzen Sie sie in Klammern.

Abbildung 12-3 zeigt ein parametrisches Flächendiagramm aus den über dem Diagramm definierten Matrizen X, Y und Z.

Hinweis Der zugrunde liegende Parameterraum ist eine rechteckige Fläche, auf der ein gleichförmiges Gitter liegt. Die drei Matrizen bilden diese Fläche in den dreidimensionalen Raum ab. Die in Abbildung 12-3 definierten Matrizen **X**, **Y**, und **Z** führen z. B. zu einer Abbildung, bei der die Fläche zu einer Röhre zusammengerollt wird und deren Endpunkte verbunden werden, sodass ein Ring entsteht.

Weiterführende Informationen finden Sie in der Online-Hilfe unter „Surface Plots" (Flächendiagramme).

numpts := 20

m := 0 .. numpts   n := 0 .. numpts   r := 2   R := 6

$$\phi_m := \frac{2\pi m}{numpts}$$ $$\theta_n := \frac{2\pi n}{numpts}$$

$$X_{m,n} := (R + r \cdot \cos(\theta_n)) \cdot \cos(\phi_m)$$

$$Y_{m,n} := (R + r \cdot \cos(\theta_n)) \cdot \sin(\phi_m)$$ $$Z_{m,n} := r \cdot \sin(\theta_n)$$

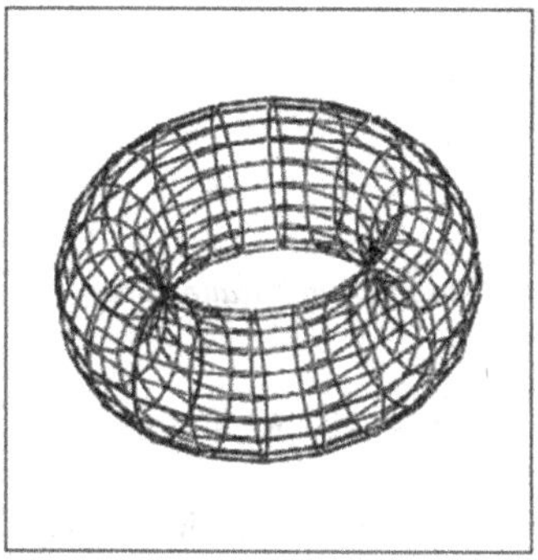

(X, Y, Z)

Abbildung 12-3: Definieren von Daten für ein parametrisches Flächendiagramm.

Erstellen einer dreidimensionalen parametrischen Kurve

Eine dreidimensionale parametrische Kurve wird erstellt, indem drei Vektoren, die die Koordinaten x-, y-, und z der Punkte im Raum darstellen, an das Flächendiagramm übergeben werden.

So erstellen Sie eine dreidimensionale parametrische Kurve:

1. Erstellen oder importieren Sie drei Vektoren mit der gleichen Anzahl an Zeilen.

2. Wählen Sie **Diagramm > Streuungsdiagramm** im Menü **Einfügen**.

3. Geben Sie die Namen der Vektoren in den Platzhalter ein. Trennen Sie die Namen durch Kommas und setzen Sie sie in Klammern.

Abbildung 12-4 zeigt eine dreidimensionale parametrische Kurve der über dem Diagramm definierten Vektoren P, Q und R.

Weiterführende Informationen zum Formatieren finden Sie in der Online-Hilfe unter „Scatter Plots" (Streuungsdiagramme).

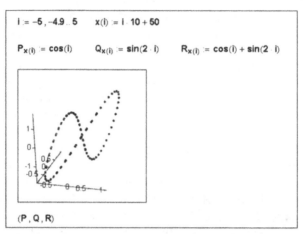

$i := -5, -4.9 .. 5 \qquad x(i) := i \cdot 10 + 50$

$P_{x(i)} := \cos(i) \qquad Q_{x(i)} := \sin(2 \cdot i) \qquad R_{x(i)} := \cos(i) + \sin(2 \cdot i)$

(P , Q , R)

Abbildung 12-4: Definieren von Daten für eine Raumkurve.

Erstellen eines Umrissdiagramms

Zum Darstellen dreidimensionaler Daten als zweidimensionale Umrisskarte können Sie ein Umrissdiagramm erstellen:

1. Definieren oder importieren Sie die Matrix mit den darzustellenden Werten.

2. Wählen Sie **Diagramm > Umrissdiagramm** im Menü **Einfügen**, um ein leeres 3D-Diagramm mit einem Platzhalter zu öffnen.

3. Geben Sie den Namen der Matrix in den Platzhalter ein.

Abbildung 12-5 zeigt ein Umrissdiagramm, das aus der über dem Diagramm definierten Matrix C erstellt wurde.

Das Umrissdiagramm ist eine visuelle Darstellung der Höhenlinien der Matrix. Mathcad setzt voraus, dass die Zeilen und Spalten gleich große Intervalle auf den Achsen darstellen und interpoliert die Werte dieser Matrix linear, um Höhenlinien oder Umrisse zu bilden. Jede Höhenlinie wird so erzeugt, dass sich keine zwei Kurven schneiden. Standardmäßig werden die z-Umrisse in der x-y-Ebene dargestellt. Mathcad zeichnet die Matrix so, dass das Element in Zeile 0 und Spalte 0 in der unteren linken Ecke liegt. Die Zeilen der Matrix entsprechen also den Werten auf der x-Achse und wachsen nach rechts hin an, während die Spalten den Werten auf der y-Achse entsprechen und nach oben hin anwachsen.

Weitere Informationen zum Formatieren von Umrissdiagrammen finden Sie in der Online-Hilfe unter „Contours Plots" (Umrissdiagramme).

Hinweis Wenn Sie ein Umrissdiagramm einer Funktion wie oben beschrieben erstellen, erstreckt sich die positive x-Achse des Diagramms nach rechts und die positive y-Achse nach oben.

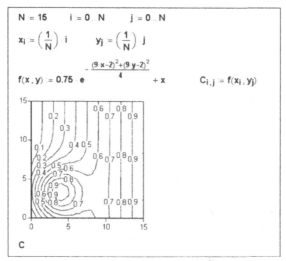

Abbildung 12-5: Definieren von Daten für ein Umrissdiagramm.

Abbilden mehrerer 3D-Diagramme

Sie können mehr als nur ein Flächen-, Kurven-, Umriss-, Säulen- oder Streuungsdiagramm in ein dreidimensionales Diagramm einfügen.

So erstellen Sie beispielsweise ein 3D-Diagramm mit einem Umriss- und einem Flächendiagramm:

1. Definieren Sie zwei Funktionen mit zwei Variablen oder eine Kombination von zwei geeigneten Argumentsätzen für eine 3D-Darstellung (zwei Matrizen, zwei Sätze von drei Vektoren usw.).

2. Wählen Sie **Diagramm > Umrissdiagramm** im Menü **Einfügen**.

3. Geben Sie den Namen der Funktion oder Matrix für das Umrissdiagramm in den Platzhalter, und anschließend ein [,] (Komma) ein.

4. Geben Sie nun den Namen der Funktion oder Matrix für das Flächendiagramm ein.

5. Drücken Sie die [**Eingabetaste**], um zwei Umrissdiagramme darzustellen.

6. Doppelklicken Sie auf das Diagramm, um das Dialogfeld **3D-Diagrammformat** zu öffnen. Wählen Sie auf der Registerkarte **Allgemein** unter **Anzeigen als** im Bereich **Diagramm 2** unter Darstellungsart die Option **Fläche**.

Sowohl das Umrissdiagramm als auch das Flächendiagramm werden nun mit den Standardformateinstellungen in einem Diagramm dargestellt. Siehe Abbildung 12-6.

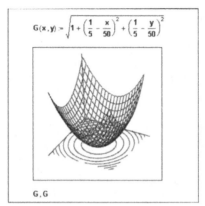

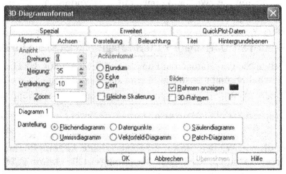

Abbildung 12-6: Darstellung eines Umriss- und eines Flächendiagramms in einem Diagramm.

Formatieren von 3D-Diagrammen

Sie können die Darstellung von 3D-Diagrammen über die im Dialogfeld **3D-Diagrammformat** zur Verfügung stehenden Optionen ändern.

So formatieren Sie ein 3D-Diagramm:

1. Doppelklicken Sie auf das Diagramm, oder klicken Sie auf das Diagramm und wählen **Diagramm > 3D-Diagramm** im Menü **Format**, um das Dialogfeld **3D-Diagrammformat** aufzurufen. Nachfolgend ist die allgemeine Seite abgebildet.

2. Nehmen Sie die gewünschten Änderungen in allen Registerkarten des Dialogfeldes vor.

3. Klicken Sie auf **Übernehmen**, wenn Sie *vor dem Schließen* des Dialogfelds sehen möchten, welche Auswirkungen die Änderungen haben.

4. Klicken Sie auf **OK**, um das Dialogfeld zu schließen.

Das Dialogfeld „3D-Diagrammformat"

Die meisten Optionen stehen für alle dreidimensionalen Diagramme zur Verfügung, wobei einige jedoch vom Diagrammtyp abhängig sind.

Einige Optionen im Dialogfeld **3D-Diagrammformat** wirken sich gemeinsam auf die Darstellung eines Diagramms aus. So wird z. B. die Farbe eines Diagramms durch die gewählten Einstellungen in den Registerkarten **Darstellung**, **Beleuchtung**, **Spezial** und **Erweitert** bestimmt.

Füllungsfarbe

Die Farbe eines Diagramms wird hauptsächlich durch seine Füllungsfarbe bestimmt. Sie können eine Diagramm farbig darstellen, indem Sie der Fläche oder den Umrissen eine Volltonfarbe oder eine Farbe aus dem Farbschema zuordnen. Die Farbe und Schattierung eines Diagramms wird auch durch die *Beleuchtung* bestimmt, wie auf Seite 155 beschrieben.

Online-Hilfe Weitere Einzelheiten zum Füllen von Flächen und Umrissen mit Volltonfarben oder Farben aus einem Farbschema finden Sie in der Online-Hilfe unter „3D Format Dialog Box / Appearance Tab" (Dialogfeld **3D-Format**, Registerkarte **Darstellung**).

Linien

Mathcad stellt zahlreiche Möglichkeiten bereit, um die Darstellung von Linien in 3D-Diagrammen zu beeinflussen. Sie können Linien z. B. so zeichnen, dass sie ein Drahtmodel bilden, oder Sie können nur die Umrisslinien zeichnen. Außerdem können Sie auch die Stärke und die Farbe der Linien eines Diagramms steuern.

Online-Hilfe Weiterführende Informationen zum Formatieren von 3D-Diagrammen finden Sie in der Onlinehilfe unter „Dialogfeld **3D-Diagrammformat** (Registerkarte **Einstellung**)".

Punkte

Da alle 3D-Diagramme aus diskreten Datenpunkten konstruiert werden, können Sie in den meisten 3D-Diagrammen Punkte zeichnen und formatieren. (Ausnahmen bilden Vektorfelddiagramme, Umrissdiagramme, Säulendiagramme und Patch-Diagramme.) Punkte sind besonders sinnvoll in 3D-Streuungsdiagrammen, da der Hauptaugenmerk auf den Punkten des Diagramms liegt. Verwenden Sie den Abschnitt **Punktoptionen** in der Registerkarte **Darstellung** im Dialogfeld **3D-Diagrammformat**.

Beleuchtung

Die Farbe eines 3D-Diagramms resultiert sowohl aus der Farbe, mit der dessen Fläche, Linien und Punkte dargestellt sind, als auch aus der Farbe des Umgebungslichts oder der Punktlichtquellen, das bzw. die auf das Diagramm gerichtet sind. Die Wirkung der Beleuchtung entspricht der Wirkung von Lichteinfall auf eine Objektfarbe in der Realität. Objekte reflektieren und absorbieren Licht in Abhängigkeit von ihrer Farbe. Zum Beispiel wird gelbes Licht von einem gelben Ball größtenteils reflektiert, während andere Farben absorbiert werden. Bei gedämpfter Beleuchtung wirkt dies gräulich, grün bei blauer Beleuchtung und hellgelb bei heller Beleuchtung.

Die Beleuchtung können Sie mit den Optionen auf der Registerkarte **Beleuchtung** des Dialogfelds **3D-Diagrammformat** steuern.

Online-Hilfe Weitere Einzelheiten zu den Optionen der Registerkarte **Beleuchtung** erhalten Sie, wenn Sie auf **Hilfe** am unteren Rand des Dialogfelds klicken.

Ändern eines 3D-Diagramms in ein anderes 3D-Diagramm

Fast jedes 3D-Diagramm kann mit Hilfe der Option **Darstellungsart** der Registerkarte **Allgemein** im Dialogfeld **3D-Diagrammformat** in ein anderes 3D-Diagramm umgewandelt werden. In Abbildung 12-7 ist die gleiche Matrix mit drei verschiedenen Diagrammtypen dargestellt.

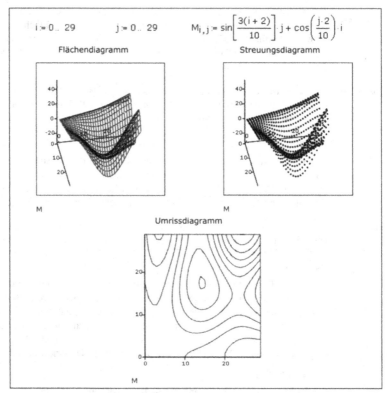

Abbildung 12-7: Darstellung der gleichen Daten in verschiedenen 3D-Diagrammtypen.

Hinweis Einige 3D-Diagramme können jedoch nicht in einen anderen Diagrammtyp umgewandelt werden. Vektorfelddiagramme können z. B. generell nicht umgewandelt werden.

Anmerkungen

Um Textanmerkungen in ein dreidimensionales Diagramm einzufügen, ziehen Sie den Text oder die Bitmaps direkt auf das Diagramm.

Wenn Sie eine Textanmerkung bearbeiten möchten, wählen Sie den Text aus und ziehen ihn aus dem Diagramm. Dann ziehen Sie den Textbereich wieder auf das Diagramm.

Ändern von 3D-QuickPlot-Daten

Wenn Sie einen 3D-QuickPlot erstellt haben, können Sie den Bereich und die Schrittweite jeder unabhängigen Variablen ändern. Verwenden Sie dazu die Optionen auf der Registerkarte **QuickPlot-Daten** des Dialogfelds **3D-Diagrammformat**.

So ändern Sie den Bereich der unabhängigen Variablen:

1. Geben Sie den Start- und Endwert jedes Bereichs in die Textfelder für die einzelnen Bereiche ein.

2. Klicken Sie zur Vorschau auf **Übernehmen**.

So ändern Sie die Schrittweite, also die Anzahl der Gitterlinien zwischen Start- und Endwert der einzelnen Achsen der Variablen:

1. Erhöhen oder verringern Sie die Anzahl der Gitterlinien mit den Pfeilen neben der Anzahl der Gitterlinien. Sie können alternativ auch einen Wert in das Textfeld eintragen.

2. Klicken Sie auf **Übernehmen**, um die Änderungen in der Vorschau darzustellen.

Die Grenzen, die Sie für die unabhängigen Variablen auf der Registerkarte **QuickPlot-Daten** einstellen, stimmen nicht unbedingt mit den Achsenbegrenzungen überein, es sei denn, es handelt sich um eine einzige Funktion zweier Variablen in kartesischen Variablen. In allen anderen Fällen werden die Achsenbegrenzungen durch die von Ihren Funktionen für den QuickPlot berechneten x-, y-, und z-Daten festgelegt.

So werden die QuickPlot-Daten der Koordinatensysteme automatisch konvertiert:

1. Klicken Sie unter **Koordinatensystem** auf das Optionsfeld, das dem Koordinatensystem der darzustellenden Funktion entspricht.

2. Klicken Sie auf **Übernehmen**, um die Änderungen in der Vorschau darzustellen.

Drehen und Zoomen von 3D-Diagrammen

Um die Größe eines 3D-Diagramms zu ändern, klicken Sie zunächst auf das Diagramm, und ziehen Sie dann die Haltepunkte an den Rändern des Diagramms, um die gewünschte Größe zu erzielen. Für 3D-Diagramme enthält Mathcad darüber hinaus noch folgende Optionen zum Ändern der Darstellung:

- Sie können ein Diagramm drehen, um es aus einer anderen Perspektive zu betrachten.

- Sie können das Diagramm um eine Drehachse herum in Bewegung versetzen, sodass es sich kontinuierlich um seine eigene Achse dreht.

- Sie können sich beliebige Bereiche eines Diagramms vergrößert bzw. verkleinert anzeigen lassen.

Online-Hilfe   Weitere Informationen finden Sie in der Online-**Hilfe** unter „Rotating, Spinning, or Zooming a 3D Plot" (ein 3D-Diagramm drehen, um die eigene Achse drehen oder vergrößern).

Kapitel 13
Symbolische Berechnung

◆ Überblick über die symbolische Berechnung

◆ Aktive symbolische Auswertung

◆ Verwenden des Menüs „Symbolik"

◆ Beispiele für die symbolische Berechnung

Überblick über die symbolische Berechnung

Wenn Sie einen Ausdruck *numerisch* auswerten, gibt Mathcad eine oder mehrere *Zahlen* zurück, wie im oberen Bereich von Abbildung 13-1 gezeigt. Wenn Mathcad die *symbolische* Berechnung verwendet, ist das Ergebnis der Auswertung eines Ausdrucks in der Regel ein anderer Ausdruck (siehe Abbildung 13-1).

$$F(x) := \sum_{k=0}^{3} \left(\frac{3!}{k! \cdot (3-k)!} \cdot x^k \cdot 2^{3-k} \right)$$

$$F(2) = 64$$

$$F(-5) = -27$$

$$F(x) \rightarrow 8 + 12 \cdot x + 6 \cdot x^2 + x^3$$

Abbildung 13-1: Eine numerische und eine symbolische Auswertung desselben Ausdrucks. Die symbolische Transformation stellt den Zugrundliegenden Ausdruck möglicherweise verständlicher dar.

Es gibt zwei Möglichkeiten, um eine symbolische Transformation für einen Ausdruck auszuführen:

• Sie verwenden das symbolische Gleichheitszeichen mit Schlüsselwort.

• Sie verwenden die Befehle im Menü **Symbolik**.

Online-Hilfe Sie können veranlassen, das der numerische und symbolische Prozessor zusammen arbeiten, sodass ein Ausdruck vereinfacht wird, bevor er vom numerischen Prozessor berechnet wird. Siehe in der Online-Hilfe unter „Symbolic Optimization" (Symbolische Optimierung).

Hinweis Für einen Computer sind die symbolischen Operationen in der Regel schwieriger als die entsprechenden numerischen Operationen. Viele komplizierte Funktionen und scheinbar einfache Funktionen haben keine geschlossenen Integrale oder Wurzeln.

Aktive symbolische Auswertung

Ein Vorteil der Verwendung des symbolischen Gleichheitszeichens, eventuell zusammen mit Schlüsselwörtern und Modifikatoren, besteht darin, dass es wie alle numerischen Verarbeitungen in Mathcad dynamisch ist. Dies bedeutet, dass Mathcad alle Variablen und Funktionen auswertet, aus denen sich der Ausdruck zusammensetzt, um zu prüfen, ob sie bereits im Arbeitsblatt definiert sind. Alle anderen Variablen und Funktionen werden symbolisch ausgewertet. Wenn Sie dann Änderungen an Ihrem Arbeitsblatt vornehmen, werden die Ergebnisse automatisch aktualisiert. Dies ist sinnvoll, wenn in einem Arbeitsblatt numerische und symbolische Gleichungen nebeneinander eingesetzt werden.

Im Gegensatz zum Gleichheitszeichen, das immer numerische Ergebnisse ausgibt, kann das symbolische Gleichheitszeichen *Ausdrücke* zurückgeben. Mit dem symbolischen Gleichheitszeichen können Sie Ausdrücke, Variablen, Funktionen oder Programme symbolisch auswerten.

So verwenden Sie das symbolische Gleichheitszeichen:

1. Geben Sie den Ausdruck ein, der ausgewertet werden soll.

$$\frac{d}{dx} \cdot \left(x^3 - 2 \cdot y \cdot x \right)$$

2. Klicken Sie in der Symbolik-Symbolleiste auf $\rightarrow$, oder drücken Sie [**Strg**]. (Punkt), um das symbolische Gleichheitszeichen „$\rightarrow$" aufzurufen.

$$\frac{d}{dx} \cdot \left(x^3 - 2 \cdot y \cdot x \right) \rightarrow$$

3. Drücken Sie die [**Eingabetaste**]. Mathcad zeigt eine vereinfachte Version des Originalausdrucks an. Falls ein Ausdruck nicht weiter vereinfacht werden kann, wiederholt Mathcad ihn rechts vom Gleichheitszeichen.

$$\frac{d}{dx} \left(x^3 - 2y \cdot x \right) \rightarrow 3 \cdot x^2 - 2 \cdot y$$

Das symbolische Gleichheitszeichen ist wie jeder andere Operator ein aktiver Operator. Wenn Sie an einer beliebigen Stelle rechts oder links davon eine Änderung vornehmen, aktualisiert Mathcad das Ergebnis. Abbildung 13-2 zeigt einige Beispiele, wie das symbolische Gleichheitszeichen „$\rightarrow$" eingesetzt werden kann. Sie können das symbolische Gleichheitszeichen anweisen, vorhandene Definitionen von Funktionen und Variablen zu ignorieren, indem Sie sie vor der Auswertung rekursiv definieren (siehe Abbildung 13-5 auf Seite 164).

Hinweis Das symbolische Gleichheitszeichen „$\rightarrow$" bezieht sich auf den gesamten Ausdruck. Es ist nicht möglich, mit dem symbolischen Gleichheitszeichen nur einen Teil eines Ausdrucks zu transformieren.

$$\int_a^b x^2 \, dx \to \frac{1}{3} \cdot b^3 - \frac{1}{3} \cdot a^3$$

$$x := 8$$

$$y + 2 \cdot x \to y + 16$$

$$y^2 \to y^2$$

$$\sqrt{17} \to 17^{\frac{1}{2}} = 4.123$$

Abbildung 13-2: Das symbolische Gleichheitszeichen verwendet vorhandene Definitionen. Wenn ein Ausdruck nicht weiter vereinfacht werden kann, bleibt das symbolische Gleichheitszeichen ohne Wirkung. Wenn Dezimalzahlen verwendet werden, werden über das symbolische Gleichheitszeichen dezimale Näherungen zurückgegeben.

Verwenden von Schlüsselwörtern

„→" übernimmt den Ausdruck auf der linken Seite und zeigt eine vereinfachte Version auf der rechten Seite an. Sie können bestimmen, wie „→" den Ausdruck transformiert, indem Sie eines der *symbolischen Schlüsselwörter* verwenden.

Gehen Sie dazu wie folgt vor:

1. Geben Sie den Ausdruck ein, der ausgewertet werden soll.

$$(x + y)^3$$

2. Drücken Sie [Strg][Umschalt]. (Punkt).

$$(x + y)^3 \, \blacksquare \to$$

3. Klicken Sie auf den Platzhalter links vom symbolischen Gleichheitszeichen und geben Sie eines der Schlüsselwörter aus der Symbolik-Symbolleiste ein. Sind weitere Argumente für das Schlüsselwort erforderlich, geben Sie diese durch Kommas voneinander getrennt ein.

$$(x + y)^3 \, \underline{\text{entwickeln}} \to$$

4. Drücken Sie die [Eingabetaste].

$$(x + y)^3 \, \text{entwickeln} \to x^3 + 3 \cdot x^2 \cdot y + 3 \cdot x \cdot y^2 + y^3$$

Sie können den Ausdruck, der ausgewertet werden soll, auch zuerst eingeben. Klicken Sie dann auf ein Schlüsselwort aus der Symbolik-Symbolleiste, um das Schlüsselwort, den Platzhalter für zusätzliche Argumente und das symbolische Gleichheitszeichen „→" einzufügen. Drücken Sie anschließend die [Eingabetaste], um das Ergebnis anzuzeigen.

Online-Hilfe In der Online-Hilfe sind alle verfügbaren symbolischen Schlüsselwörter aus der Symbolik- und Modifikator-Symbolleiste aufgelistet und beschrieben.

Viele Schlüsselwörter nehmen mindestens ein zusätzliches Argument entgegen, in der Regel den Namen einer Variablen, für die Sie die symbolische Operation ausführen. Einige Argumente sind optional. Ein Beispiel dafür sehen Sie in Abbildung 13-3.

$$\frac{d}{dx}(x+y)^3 \rightarrow \frac{d}{dx} \cdot (x+y)^3$$

$$(x+y)^3 \text{ entwickeln} \rightarrow x^3 + 3 \cdot x^2 \cdot y + 3 \cdot x \cdot y^2 + y^3$$

$$x \cdot \text{acos}(0) \rightarrow \frac{1}{2} \cdot x \cdot \pi$$

$$x \cdot \text{acos}(0) \text{ gleit}, 4 \rightarrow 1.571 \cdot x$$

$$\exp(-a \cdot t) \text{ laplace}, t \rightarrow \frac{1}{+a}$$

Abbildung 13-3: Das symbolische Gleichheitszeichen allein berechnet einfach einen Ausdruck, geht jedoch ein entsprechendes Schlüsselwort voran, kann sich die Bedeutung des symbolischen Gleichheitszeichens ändern. Beachten Sie, dass das Schlüsselwort gleit das Ergebnis nach Möglichkeit als Gleitkommazahl darstellt. Das Schlüsselwort laplace gibt die Laplace-Transformation einer Funktion zurück.

Hinweis Bei Schlüsselwörtern wird die Groß-/Kleinschreibung berücksichtigt. Geben Sie die Schlüsselwörter so ein wie hier gezeigt. Anders als bei Variablen ist die Schriftart nicht relevant.

Schlüsselwort-Modifikatoren

Die Schlüsselwort-Modifikatoren befinden sich auf einer separaten Modifikator-Symbolleiste, auf die Sie in der Symbolik-Symbolleiste über die Schaltfläche **Modifikator** zugreifen können. Um einen Modifikator zu verwenden, müssen Sie diesen durch ein Komma von dem Schlüsselwort trennen. So wenden Sie z. B. den Modifikator „annehmen=reell" mit dem Schlüsselwort **vereinfachen** an:

1. Geben Sie den Ausdruck ein, der vereinfacht werden soll.

2. Drücken Sie [**Strg**][**Umschalt**]. (Punkt) . Ein Platzhalter links vom symbolischen Gleichheitszeichen „→" wird eingeblendet.

3. Geben Sie **vereinfachen** aus der Symbolleiste „Vereinfachen", und **annehmen** sowie **reel** aus der Modifikator-Symbolleiste in die Platzhalter ein (verwenden Sie für das Gleichheitszeichen [**Strg**]=).

4. Drücken Sie die [**Eingabetaste**].

Online-Hilfe Weitere Informationen zu Modifikatoren und Schlüsselwörtern finden Sie in der Online-Hilfe unter „The Symbolic Keyword Toolbar" (Schaltflächenleiste „Symbolik").

Abbildung 13-4 zeigt einige Beispiele mit dem Schlüsselwort **vereinf**, mit und ohne zusätzliche Modifikatoren.

$\frac{x^2 - 3x - 4}{x - 4} + 2x - 5$ Vereinfachen $\rightarrow 3 \cdot x - 4$

$e^{2 \cdot \ln(a)}$ Vereinfachen $\rightarrow a^2$

$\sin(\ln(a \cdot b))^2$ Vereinfachen $\rightarrow 1 - \cos(\ln(a \cdot b))^2$

$\sqrt{a^2}$ Vereinfachen $\rightarrow \mathrm{csgn}(a) \cdot a$ — csgn(z) ermittelt das Vorzeichen einer komplexen Zahl.

$\sqrt{a^2}$ vereinfachen , annehmen = reel $\rightarrow \mathrm{signum}(a) \cdot a$ — signum(z) ergibt 1 wenn z = 0 und $\frac{z}{|z|}$ andernfalls.

Abbildung 13-4: Die Vereinfachung wird durch Modifikatoren wie „annehmen=reell“ gesteuert.

Verwenden mehrerer Schlüsselwörter

Sie können mehrere symbolische Schlüsselwörter auf einen Ausdruck anwenden. Dafür stehen zwei Methoden zur Verfügung.

So wenden Sie mehrere Schlüsselwörter an und zeigen die Ergebnisse einzeln an:

1. Geben Sie den Ausdruck ein, der ausgewertet werden soll.

   e^x

2. Drücken Sie **[Strg][Umschalt].** (Punkt).

   e^x ■ $\rightarrow$

3. Geben Sie das erste Schlüsselwort für den Platzhalter zusammen mit den für das Schlüsselwort erforderlichen Argumenten mit Kommatrennung ein.

   e^x reihe , x , 3 $\rightarrow$

4. Drücken Sie die **[Eingabetaste]**, um das erste Ergebnis anzuzeigen.

   e^x reihe , x , 3 $\rightarrow 1 + 1 \cdot x + \frac{1}{2} \cdot x^2$

5. Klicken Sie auf das Ergebnis, und drücken Sie erneut **[Ctrl][Shift].**. Das erste Ergebnis wird vorübergehend ausgeblendet. Geben Sie ein zweites Schlüsselwort und beliebige Modifikatoren aus der Modifikator-Symbolleiste in den Platzhalter ein.

   e^x reihe , x , 3 $\rightarrow$ gleit , 1 $\rightarrow$

6. Drücken Sie die **[Eingabe-taste]**, um das zweite Ergebnis anzuzeigen.

   e^x reihe , x , 3 $\rightarrow 1 + 1 \cdot x + \frac{1}{2} \cdot x^2$ gleit , 1 $\rightarrow 1. + 1. \cdot x + .5 \cdot x^2$

Wenden Sie weitere Schlüsselwörter auf die Zwischenergebnisse an.

So wenden Sie mehrere Schlüsselwörter an und zeigen nur das Endergebnis an:

1. Geben Sie den Ausdruck ein, der ausgewertet werden soll.

2. Drücken Sie [**Strg**] [**Umschalt**]. (Punkt).

3. Geben Sie das erste Schlüsselwort für den Platzhalter zusammen mit den dafür erforderlichen Argumenten getrennt durch Kommata, ein.

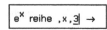

4. Drücken Sie erneut [**Strg**] [**Umschalt**].,
   und geben Sie ein zweites Schlüsselwort in den Platzhalter ein. Das zweite Schlüsselwort wird unmittelbar unterhalb des ersten Schlüsselworts platziert.

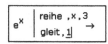

5. Geben Sie weitere Schlüsselwörter ein, indem Sie nach jeder neuen Eingabe [**Strg**] [**Umschalt**]. drücken. Drücken Sie die [**Eingabetaste**], um das Endergebnis anzuzeigen.

$$e^x \left| \begin{matrix} \text{reihe }, x, 3 \\ \text{gleit}, 1 \end{matrix} \right. \rightarrow 1. + 1. \cdot x + .5 \cdot x^2$$

Ignorieren vorheriger Definitionen

Damit Mathcad vorherige Definitionen ignoriert, müssen Sie die Variablen rekursiv definieren, wie z. B. x := x. Diese Ausnahme ist in Abbildung 13-5 dargestellt.

x := 3	Mathcad ersetzt den Wert 3 für x, bevor der Ausdruck berechnet wird.
$(x + 1) \cdot (z - 1)$ entwickeln $\rightarrow 4 \cdot z - 4$	
x := x rekursive Definition	Obwohl für x der Wert 3 definiert wurde, ignoriert Mathcad diese Definition für die symbolische Berechnung aufgrund der rekursiven Definition.
$(x + 1) \cdot (x + 1)$ entwickeln $\rightarrow x^2 + 2 \cdot x + 1$	

Abbildung 13-5: Wird eine Variable durch sich selbst definiert, ignoriert der symbolische Prozessor vorhandene Definitionen dieser Variablen.

Verwenden des Menüs „Symbolik"

Die Menübefehle unter **Symbolik** sind sinnvoll, wenn eine symbolische Berechnung nicht im restlichen Arbeitsblatt eingesetzt werden muss. Diese Befehle sind nicht aktiv, sie werden auf ausgewählte Ausdrücke angewendet. Sie „wissen" nichts von vorangehenden Definitionen und aktualisieren diese auch nicht automatisch.

Die Menübefehle unter **Symbolik** führen die gleichen Änderungen wie viele in der Online-Hilfe aufgeführten Schlüsselwörter aus. Mit dem Befehl **Polynom-Koeffizienten** im Menü **Symbolik** wird der Ausdruck genau wie mit dem Schlüsselwort **koeff** ausgewertet.

Die Vorgehensweise für die Verwendung von Menübefehlen im Menü **Symbolik** ist für alle Befehle gleich:

1. Geben Sie den Ausdruck ein, der ausgewertet werden soll.

$$\frac{d}{dx}\left(x^3 - 2 \cdot y \cdot x\right)$$

2. Setzen Sie den Ausdruck zwischen die Bearbeitungslinien.

$$\frac{d}{dx}\left(x^3 - 2 \cdot y \cdot x\right)$$

3. Wählen Sie **Auswerten > Symbolisch** oder andere Befehle aus dem Menü **Symbolik**. Die Position des Ergebnisses in Bezug auf den ursprünglichen Ausdruck hängt vom ausgewählten Auswertungsformat ab (siehe „Anzeigen symbolischer Ergebnisse" unten).

$$3 \cdot x^2 - 2 \cdot y$$

Bei einigen Optionen des Menüs **Symbolik** müssen Sie nur die betreffende Variable und nicht den gesamten Ausdruck auswählen.

Anzeigen symbolischer Ergebnisse

Sie können im Menü **Symbolik** über die Option **Auswertungsformat** wählen, ob symbolische Ergebnisse unter, rechts von oder direkt an der Stelle des Originalausdrucks zurückgegeben werden, und ob Sie noch Text einfügen möchten, der die verwendete symbolische Methode angibt.

Beispiele für die symbolische Berechnung

Jeder Ausdruck, der Variablen, Funktionen oder Operatoren enthält, kann symbolisch ausgewertet werden, entweder mithilfe des symbolischen Gleichheitszeichens oder mit den Menübefehlen.

Hinweis Benutzerdefinierte Funktionen und Variablen werden vom symbolischen Prozessor erkannt, wenn Sie das symbolische Gleichheitszeichen verwenden. Sie werden jedoch nicht erkannt, wenn Sie den Menübefehl **Symbolik** verwenden. In Abbildung 13-6 ist dieser Unterschied dargestellt.

$$e^{\ln(x)} \to x \qquad\qquad \sin\left(\frac{\pi}{4}\right) \to \frac{1}{2}\cdot 2^{\frac{1}{2}}$$

Der symbolische Prozessor von Mathcad erkennt viele der vordefinierten Funktionen und Konstanten,

$$rnd(x) \to rnd(x)$$

außer denjenigen oder diejenigen, die keine allgemein akzeptierte Bedeutung haben.

$$F(x) := \frac{\ln(x)}{2} \qquad\qquad a := 3$$

$$e^{F(x)} \to x^{\frac{1}{2}} \qquad\qquad a^2\cdot\sin(a) \to 9\cdot\sin(3)$$

Selbstdefinierte Funktionen und Variablen werden nur erkannt, wenn Sie das symbolische Gleichheitszeichen einsetzen.

$$e^{F(x)} \qquad\qquad a^2\cdot\sin(a)$$

vereinfacht auf   vereinfacht auf

$$exp(F(x)) \qquad\qquad a^2\cdot\sin(a)$$

Sie werden nicht erkannt, wenn Sie Befehle aus dem Menü **Symbolik** verwenden.

Abbildung 13-6: Der symbolische Prozessor erkennt bestimmte vordefinierte Funktionen. Benutzerdefinierte Funktionen und Variablen werden nur vom symbolischen Gleichheitszeichen erkannt.

Ableitungen

Um eine Ableitung symbolisch auszuwerten, verwenden Sie den Ableitungsoperator von Mathcad und das symbolische Gleichheitszeichen, wie in Abbildung 13-7 dargestellt:

$$\int_q^c x^3 \, dx \to \frac{1}{4}\cdot c^4 - \frac{1}{4}\cdot q^4$$

Den Operator für das bestimmte Integral können Sie mit **&** eingeben.

$$\int_0^\infty e^{-x^2} \, dx \to \frac{1}{2}\cdot\pi^{\frac{1}{2}}$$

Drücken Sie **[Strg][Umschalt]Z** für ∞.

$$\int a\cdot x^2 \, dx \to \frac{1}{3}\cdot a\cdot x^3$$

Den Operator für das unbestimmte Integral können Sie mit **[Strg]I** eingeben.

$$\frac{d^2}{dz^2}(z\cdot\operatorname{atan}(z)) \to \frac{2}{1+z^2} - 2\cdot\frac{z^2}{\left(1+z^2\right)^2}$$

Drücken Sie **[Umschalt]8**, um den n-ten Ableitungsoperator einzugeben.

Abbildung 13-7: Symbolische Auswertung von Integralen und Ableitungen.

1. Klicken Sie auf [Symbol] in der Symbolleiste „Differential/Integral", oder geben Sie **?** ein, um den Ableitungsoperator einzufügen. Sie können auch auf [Symbol] in der Symbolleiste „Differential/Integral" klicken oder **[Umschalt]&** eingeben, um den n-ten Ableitungsoperator einzufügen.

2. Geben Sie den zu differenzierenden Ausdruck und die Variable, für die Sie differenzieren, für den Platzhalter ein.

3. Klicken Sie in der Symbolik-Symbolleiste auf [→], oder drücken Sie [**Strg**]. (Punkt), um das symbolische Gleichheitszeichen „→" aufzurufen.

4. Drücken Sie die [**Eingabetaste**].

Abbildung 13-8 zeigt, wie ein Ausdruck ohne den Ableitungsoperator differenziert werden kann. Die Option **Variable > Differenzieren** im Menü **Symbolik** differenziert einen Ausdruck in Bezug auf eine ausgewählte Variable.

$2 \cdot x^2$ durch Differenziation, ergibt $4 \cdot x$

$\dfrac{x}{\cosh(x)}$ durch Differenziation, ergibt $\dfrac{1}{\cosh(x)} - \dfrac{x}{\cosh(x)^2} \cdot \sinh(x)$

$x^2 \cdot e^x$ durch Integration, ergibt $x^2 \cdot \exp(x) - 2 \cdot x \cdot \exp(x) + 2 \cdot \exp(x)$

$\dfrac{x+a}{x^2+b}$ durch Integration, ergibt $\dfrac{1}{2} \cdot \ln\left(x^2+b\right) + \dfrac{a}{b^{\frac{1}{2}}} \cdot \operatorname{atan}\left(\dfrac{x}{b^{\frac{1}{2}}}\right)$

*Abbildung 13-8: Differenzieren und Integrieren mit Menü-Befehlen. Klicken Sie zuerst auf x, und wählen Sie dann **Variable > Differenzieren** oder **Variable > Integrieren** im Menü Symbolik.*

Wenn der Ausdruck ein Element eines Feldes ist, differenziert Mathcad nur dieses Feldelement. Um ein ganzes Feld zu differenzieren, muss jedes Element einzeln differenziert werden: markieren Sie eine Variable in diesem Element, und wählen Sie **Variable > Differenzieren** im Menü **Symbolik**.

Lernprogramm Beispiele zum Lösen von Ableitungen und Integralen finden Sie auch unter „Differential/ Integral" im Mathcad-Lernprogramm unter „Ausführliche Informationen zu den Funktionen".

Integrale

So werten Sie ein bestimmtes oder unbestimmtes Integral symbolisch aus:

1. Klicken Sie in der Symbolleiste „Differential/Integral" auf [∫] oder [∫], um den Operator für das bestimmte oder unbestimmte Integral einzugeben.

2. Füllen Sie den Platzhalter für den Integranden und die Platzhalter für die Integrationsgrenzen aus.

3. Schreiben Sie die Integrationsvariable in den Platzhalter neben dem „*d*". Dabei kann es sich um einen beliebigen Variablennamen handeln.

4. Klicken Sie in der Symbolik-Symbolleiste auf [→], oder drücken Sie [**Strg**]. (Punkt) für „→".

5. Drücken Sie die [**Eingabetaste**].

Ein Beispiel für die symbolische Auswertung von Integralen sehen Sie in Abbildung 13-7.

Grenzwerte

Mathcad verfügt über drei Grenzwert-Operatoren, die nur symbolisch ausgewertet werden können. So verwenden Sie die Grenzwert-Operatoren:

1. Klicken Sie in der Symbolleiste „Differential/Integral" auf [lim →∎] oder drücken Sie [**Strg**]**L**, um den Grenzwert-Operator einzufügen. Um einen Operator für einen

   Grenzwert von links oder rechts einzufügen, klicken Sie auf [lim →a⁻] oder [lim →a⁺] in der Symbolleiste „Differential/Integral", oder drücken Sie [**Strg**][**Umschalt**]**B** oder [**Strg**][**Umschalt**]**A**.

2. Geben Sie den Ausdruck für den Platzhalter rechts von „lim" ein.

3. Geben Sie die Grenzwertvariablen für den linken und rechten Platzhalter unterhalb von „lim" ein.

4. Drücken Sie [**Strg**]. (Punkt) für „→".

5. Drücken Sie die [**Eingabetaste**].

Mathcad gibt ein Ergebnis für den Grenzwert zurück oder blendet eine Fehlermeldung ein, wenn der Grenzwert nicht existiert. Abbildung 13-9 zeigt einige Beispiele zum Auswerten von Grenzwerten.

$$\lim_{x \to \infty} \frac{\sqrt{x^2 + 2}}{3 \cdot x + 6} \to \frac{1}{3}$$

$$\lim_{x \to a^+} \frac{(3 \cdot x + b)}{a^2} \to \frac{3 \cdot a + b}{a^2}$$

$$\lim_{x \to 0^-} \frac{\sin(x)}{x} \to 1$$

Abbildung 13-9: Auswerten von rechten und linken Grenzwerten.

Lernprogramm Beispiele zum Arbeiten mit Grenzwerten finden Sie auch unter „Differential/Integral" im Mathcad-Lernprogramm unter „Ausführliche Informationen zu den Funktionen".

Lösen einer Gleichung für eine Variable

Verwenden Sie das Schlüsselwort **auflösen**, um eine Gleichung symbolisch für eine Variable aufzulösen:

1. Geben Sie die Gleichung ein. Klicken Sie in der Symbolleiste „Boolesche

   Operatoren" auf [=] oder geben Sie [**Strg**]= ein, um das fette Gleichheitszeichen einzufügen.

Hinweis Wenn Sie nach die Wurzel eines Ausdrucks auflösen, ist es nicht erforderlich, den Ausdruck gleich Null zu setzen. Ein Beispiel dafür sehen Sie in Abbildung 13-10.

2. Drücken Sie [Strg][Umschalt]. (Punkt). Mathcad zeigt einen Platzhalter links vom symbolischen Gleichheitszeichen „→" an.

3. Geben Sie in den Platzhalter **auflösen** ein, gefolgt von einem Komma und der Variablen, für die gelöst werden soll.

4. Drücken Sie die [Eingabetaste], um das Ergebnis anzuzeigen.

Mathcad zeigt das Ergebnis rechts von „→". Beachten Sie, dass wenn eine Variable in der Originalgleichung quadriert wurde, Sie möglicherweise *zwei* als Vektor dargestellte Ergebnisse erhalten. Hierzu ein Beispiel in Abbildung 13-10.

$$A1 = \frac{L}{r^2} + 2 \cdot C \text{ auflösen}, r \rightarrow \begin{bmatrix} \frac{1}{-A1 + 2 \cdot C} \cdot [-(-A1 + 2 \cdot C) \cdot L]^{\frac{1}{2}} \\ \frac{-1}{-A1 + 2 \cdot C} \cdot [-(-A1 + 2 \cdot C) \cdot L]^{\frac{1}{2}} \end{bmatrix}$$

$$a := 34$$

$$\frac{1}{2} \cdot x + x = -2 + a \text{ auflösen}, x \rightarrow \frac{64}{3}$$

$$x^3 - 5 \cdot x^2 - 4 \cdot x + 20 > 0 \text{ auflösen}, x \rightarrow \begin{bmatrix} (-2 < x) \cdot (x < 2) \\ 5 < x \end{bmatrix}$$

$$e^t + 1 \text{ auflösen}, t \rightarrow i \cdot \pi$$

Abbildung 13-10: Lösen von Gleichungen, Ungleichungen und Wurzeln. Zum Bestimmen von Wurzeln ist es nicht erforderlich, den Ausdruck gleich 0 zu setzen.

Tipp Sie können auch nach einer Variablen auflösen, indem Sie auf die Variable klicken und **Variable > Auflösen** im Menü **Symbolik** wählen.

Symbolische Lösung eines Gleichungssystems: „auflösen" (Schlüsselwort)

Mit dem Schlüsselwort **auflösen**, das für die Lösung einer Gleichung mit einer Unbekannten verwendet wird, können auch Gleichungssysteme gelöst werden. So lösen Sie ein System mit *n* Gleichungen für *n* Unbekannte:

1. Geben Sie [Strg]M ein, um einen Vektor mit *n* Zeilen und 1 Spalte zu erstellen.

2. Füllen Sie die Platzhalter des Vektors mit den *n* Gleichungen des Systems. Geben Sie unbedingt [Strg]= ein, um das Boolesche Gleichheitszeichen einzufügen.

3. Geben Sie [Strg][Umschalt]. (Punkt).

4. Geben Sie **auflösen** ein, gefolgt von einem Komma im Platzhalter rechts vom symbolischen Gleichheitszeichen „→".

5. Geben Sie [Strg]M ein, um einen Vektor mit *n* Zeilen und 1 Spalte zu erstellen. Geben Sie die Variablen ein, nach denen Sie auflösen.

6. Drücken Sie die [Eingabetaste].

Mathcad zeigt die *n* Lösungen für das Gleichungssystem rechts von dem symbolischen Gleichheitszeichen an. Siehe Beispiel in Abbildung 13-11.

Verwenden Sie das Schlüsselwort **auflösen**, indem Sie [**Strg**][**Umschalt**]. Punkt) drücken

$$\begin{pmatrix} x + 2 \cdot \pi \cdot y = a \\ 4 \cdot x + y = b \end{pmatrix} \text{auflösen,} \begin{pmatrix} x \\ y \end{pmatrix} \rightarrow \begin{bmatrix} \dfrac{-(-2 \cdot \pi \cdot b + a)}{-1 + 8 \cdot \pi} & \dfrac{4 \cdot a - b}{-1 + 8 \cdot \pi} \end{bmatrix}$$

Verwenden eines Lösungsblocks. (Verwenden Sie [**Strg**]= um das Gleichheitszeichen einzugeben.)

Vorgabe

$$x + 2 \cdot \pi \cdot y = a$$

$$4 \cdot x + y = b$$

$$\text{Suchen}(x, y) \rightarrow \begin{bmatrix} \dfrac{-(-2 \cdot \pi \cdot b + a)}{-1 + 8 \cdot \pi} \\ \dfrac{4 \cdot a - b}{-1 + 8 \cdot \pi} \end{bmatrix}$$

Abbildung 13-11: Zwei Methoden zum symbolischen Lösen eines Gleichungssystems.

Symbolische Lösung eines Gleichungssystems: Lösungsblock

Sie können Gleichungssysteme auch durch Verwendung eines Lösungsblocks, ähnlich numerischen Lösungsblöcken, symbolisch lösen.

1. Geben Sie das Wort *Vorgabe* in einen Rechenbereich ein, um anzuzeigen, dass ein Gleichungssystem folgt. Sie können *Vorgabe* in Groß- oder Kleinschreibung und in einer beliebigen Schriftart eingeben.

2. Geben Sie die Gleichungen unter dem Wort *Vorgabe* ein. Geben Sie unbedingt [Strg]= ein, um das Boolesche Gleichheitszeichen einzufügen.

3. Geben Sie die Funktion *Suchen* zusammen mit den Argumenten für Ihr Gleichungssystem ein. Diese Funktion ist unter „Lösen linearer/nichtlinearer Systeme und Optimierung" auf Seite 115 beschrieben.

4. Drücken Sie [Strg]. (Punkt). Mathcad zeigt das symbolische Gleichheitszeichen an.

5. Drücken Sie die [Eingabetaste].

Mathcad zeigt die Lösungen für das Gleichungssystem rechts von dem symbolischen Gleichheitszeichen an. Siehe Beispiel in Abbildung 13-11.

Die meisten bereits für numerische Lösungsblöcke beschriebenen Regeln gelten auch für die symbolische Lösung von Gleichungssystemen. Der größte Unterschied besteht darin, dass bei der symbolischen Lösung keine Schätzwerte für die Lösung eingegeben werden müssen.

Symbolische Matrizenalgebra

Mithilfe von Mathcad können Sie symbolisch die Transponierte, die Inverse oder die Determinante einer Matrix ermitteln. Verwenden Sie dazu einen vordefinierten Operator und das symbolische Gleichheitszeichen. So ermitteln Sie die Transponierte einer Matrix:

1. Setzen Sie die gesamte Matrix zwischen die beiden Bearbeitungslinien, indem Sie mehrmals die [**Leertaste**] betätigen.

2. Drücken Sie [**Strg**]1, um den Matrixoperator „Transponieren" einzufügen.

3. Drücken Sie [**Strg**]. (Punkt), um das symbolische Gleichheitszeichen „→" aufzurufen.

4. Drücken Sie die [**Eingabetaste**].

Mathcad zeigt das Ergebnis rechts vom symbolischen Gleichheitszeichen „→" Abbildung 13-12 zeigt einige Beispiele.

$$\begin{pmatrix} x & 1 & a \\ -b & x^2 & -a \\ 1 & b & x^3 \end{pmatrix}^T \rightarrow \begin{pmatrix} x & -b & 1 \\ 1 & x^2 & b \\ a & -a & x^3 \end{pmatrix}$$

$$\begin{pmatrix} \lambda & 2 & 1-\lambda \\ 0 & 1 & -2 \\ 0 & 0 & -\lambda \end{pmatrix}^{-1} \rightarrow \frac{-1}{\lambda^2} \begin{pmatrix} -\lambda & 2\cdot\lambda & \lambda-5 \\ 0 & -\lambda^2 & 2\cdot\lambda \\ 0 & 0 & \lambda \end{pmatrix}$$

$$\left| \begin{pmatrix} x & 1 & a \\ -b & x^2 & -a \\ 1 & b & x^3 \end{pmatrix} \right| \rightarrow x^6 + x\cdot a\cdot b + b\cdot x^3 - a\cdot b^2 - a - a\cdot x^2$$

Abbildung 13-12: Symbolische Matrix-Operationen: Transponieren einer Matrix, Ermitteln der Inversen und der Determinanten.

Sie können die Transponierte, Inverse oder Determinante einer Matrix auch über die Optionen **Matrix** im Menü **Symbolik** ermitteln.

Index

Mathsoft Engineering & Education, Inc. Lizenzvereinbarung

HINWEIS! LESEN SIE SICH DIESE BEDINGUNGEN VOR DEM ÖFFNEN DER PACKUNG MIT DER CD-ROM SORGFÄLTIG DURCH, DA SIE MIT DEM ÖFFNEN DES PAKETS ERKLÄREN, DASS SIE DIE BEDINGUNGEN ANERKENNEN. SOLLTEN SIE SICH NICHT MIT DIESEN BEDINGUNGEN EINVERSTANDEN ERKLÄREN, IST MATHSOFT NICHT BEREIT, IHNEN EINE LIZENZ FÜR DIE SOFTWARE ZU GEWÄHREN. IN DIESEM FALL SOLLTEN SIE DAS VOLLSTÄNDIGE PAKET ZUSAMMEN MIT ALLEN MATERIALIEN SOWIE DEM UNGEÖFFNETEN PAKET MIT DER CD-ROM INNERHALB VON 30 TAGEN ZURÜCKGEBEN. SIE ERHALTEN DEN KAUFPREIS DANN ZURÜCKERSTATTET. Diese Lizenzvereinbarung ist ein rechtsgültiger Vertrag zwischen Ihnen (entweder als natürlicher oder als juristischer Person) und Mathsoft Engineering & Education, Inc. Indem Sie die Packung mit der CD-ROM öffnen, erklären Sie sich damit einverstanden, durch die Bedingungen dieser Vereinbarung gebunden zu sein.

Unter der Voraussetzung, dass Sie ihren Bedingungen zustimmen, erhalten Sie mit dieser Lizenzvereinbarung die Erlaubnis, diese Software zu nutzen; außerdem werden Ihnen in ihr zusätzliche Rechte gewährt. In dieser Vereinbarung ist auch beschrieben, auf welche Weise Sie die Software nutzen dürfen; außerdem sind bestimmte Einschränkungen bei ihrer Nutzung definiert. Darüber hinaus sind in der Vereinbarung Einschränkungen gegen das Zurückentwickeln (Reverse Engineering), Verleasen oder Vermieten der Software sowie weitere Einschränkungen enthalten, die für die betreffende Software gelten. Zusätzlich werden in dieser Vereinbarung die Bedingungen beschrieben, unter denen Sie eine Sicherungs- oder Archivkopie der Software erstellen dürfen; sie enthält darüber hinaus Einzelheiten zu der beschränkten Garantie für das Produkt.

Mathsoft behält sich alle Rechte vor, die Ihnen in dieser Vereinbarung nicht ausdrücklich gewährt werden. Die Software ist durch Urheberrecht und andere Gesetze und Vereinbarungen über geistiges Eigentum geschützt. Mathsoft ist Inhaber des Eigentums- und Urheberrechts und anderer gewerblicher Schutzrechte an der Software. Die Software wird lizenziert, nicht verkauft. Diese Vereinbarung gewährt Ihnen keine Rechte an Marken oder Dienstleistungsmarken von Mathsoft. Ihr Recht, die Software und die Dokumentation zu verwenden, ist durch die hier beschriebenen Bedingungen begrenzt. Der Software kann eine Ergänzungsvereinbarung oder ein Nachtrag beiliegen. Die aktuellen Bedingungen finden Sie unter www.mathsoft.com/license.

Bei Verwendung einer Einzelbenutzer-Lizenz: Eine Kopie der Software kann nur auf einem Computer, einem Gerät, einer Workstation, einem Endgerät oder einem anderen digitalen elektronischen oder analogen Gerät („Gerät") installiert und verwendet werden. Sofern nicht unter einer Vereinbarung für Schüler und Studenten („Student Option") lizenziert, kann eine zweite Kopie der Software auf einem zu Ihrem Eigentum gehörenden tragbaren Gerät bzw. auf einem Heimcomputer installiert werden, wenn Sie der Benutzer der Primärkopie der Software sind, vorausgesetzt, die Installation und Verwendung entsprechen auch sonst allen Bedingungen dieser Vereinbarung. Diese Software muss aktiviert werden. Sie können möglicherweise nicht von Ihren im Rahmen dieser Lizenzvereinbarung gewährten Rechten bezüglich der Software Gebrauch machen, sofern Sie Ihre Kopie der Software nicht registrieren, wie während des Starts beschrieben. Mathsoft erfasst während dieses Prozesses keine persönlichen Informationen von Ihrem Gerät. Sie müssen möglicherweise auch die Software neu aktivieren, wenn Sie Ihre Computerhardware oder die Software ändern. Wenn dies eintreten sollte, können Sie sich im Zusammenhang mit der Reaktivierung an Mathsoft oder Ihre nationale Mathsoft-Niederlassung bzw. den nationalen Distributor wenden. Mathsoft prüft Aktivierungstechnologiemechanismen, um zu bestätigen, dass Sie über eine rechtsgültig lizenzierte Kopie der Software verfügen.

Nutzung von Updates: Wenn die Software als Update einer früheren Version lizenziert wurde, müssen Sie zunächst Inhaber einer Lizenz für die Software sein, für die nach Angaben von Mathsoft ein Update durchgeführt werden darf. Nach der Installation des Updates ersetzt und/oder ergänzt die als Update lizenzierte Software das Produkt, auf dessen

Grundlage Sie zu einem Update berechtigt waren, und Sie dürfen diese ursprüngliche Software nicht mehr verwenden; außerdem treten die Bedingungen dieser Vereinbarung an die Stelle aller früheren Lizenzvereinbarungen.

Nutzung im Bildungsbereich: Ist die Software als „Preislich dem Bildungsbereich angepasst" oder als Edition/Version für Dozenten oder akademische Edition/Version gekennzeichnet, müssen Sie bei einer akademischen Einrichtung angemeldet oder angestellt sein, um die Software für Schulungszwecke verwenden zu können. Falls Sie keine dieser Bedingungen erfüllen, verfügen Sie im Rahmen dieser Lizenzvereinbarung über keinerlei Rechte. Nicht in den Bildungsbereich fallende Forschungen, die mit den Einrichtungen eines akademischen Instituts oder unter einem akademischen Namen durchgeführt werden, erfüllen nicht die Bedingungen und stellen einen Verstoß gegen die Bedingungen dieser Vereinbarung dar.

Bei Verwendung einer knotengebundenen Lizenz: Sie können eine Kopie der Software auf einem Speichergerät, z. B. einem Netzwerkserver, installieren und Einzelpersonen in Ihrer Firma oder Ihrem Unternehmen den Zugriff auf die Software und die Verwendung derselben von einem anderen Gerät über ein oder mehrere private Netzwerke gewähren, vorausgesetzt, die Zahl der Geräte mit Zugriff auf die Software übersteigt nicht die Zahl der in dieser knotengebundenen Lizenzvereinbarung lizenzierten Arbeitsplätze. Für ein Remotegerät, das Ihre Firma oder Ihr Unternehmen mit der Software ausstatten möchte, das aber nicht mit einem Netzwerkserver verbunden ist, können Sie einen knotengebundenen Arbeitsplatz angeben.

Bei Verwendung einer freien Lizenz: Die Software kann gleichzeitig auf verschiedenen Geräten bis zur maximalen Zahl der lizenzierten freien Arbeitsplätze verwendet werden. Sie können eine Kopie der Software auf einem Speichergerät, z. B. einem Netzwerkserver, installieren und Einzelpersonen in Ihrer Firma oder Ihrem Unternehmen den Zugriff auf die Software und die Verwendung derselben von anderen Geräten über ein oder mehrere private Netzwerke gewähren, vorausgesetzt, die Zahl der Benutzer mit gleichzeitigem Zugriff auf die Software übersteigt nicht die Zahl der in dieser freien Lizenzvereinbarung lizenzierten Arbeitsplätze. Für ein Remotegerät, das Ihre Firma oder Ihr Unternehmen mit der Software ausstatten möchte, das aber nicht mit einem Netzwerkserver verbunden ist, können Sie einen freien Arbeitsplatz angeben.

Gesamte Nutzung unter Netzwerkkonfigurationslizenzen: Sie können die Ihnen in dieser Lizenzvereinbarung gewährten Rechte an der Software nur ausüben, wenn Sie über einen Lizenzschlüssel für die Software verfügen; er wird durch FLEXlm® (von der Globetrotter Software Division von Macrovision) verwaltet. Sie müssen möglicherweise auch veranlassen, dass der Mathsoft-Support einen neuen Lizenzschlüssel an Sie ausgibt, wenn Sie Ihre Computerhardware oder die Software ändern. Wenn in diesem Fall die von Ihnen vorgesehene Nutzung sich im Rahmen der für Sie lizenzierten Nutzung der Software bewegt und Sie die Anforderungen für die Nutzung dieser Supportleistungen erfüllen (z. B. im Rahmen eines laufenden Wartungsplans), wenden Sie sich an Mathsoft oder Ihre nationale Mathsoft-Niederlassung bzw. den nationalen Distributor, um die Ausgabe eines neuen Lizenzschlüssels durch Mathsoft an Sie zu beantragen.

Private Nutzung: Nur in dem Fall, dass Ihre Installation über eine aktive Software Assurance-Police verfügt, sind Sie berechtigt, eine bestimmte Zahl von Lizenzen für private Teilnehmer zu erhalten, die jedoch die Zahl der im Rahmen Ihrer Installation lizenzierten Arbeitsplätze nicht übersteigen darf. Dies setzt voraus, dass die Lizenzen für private Teilnehmer für die Verwendung innerhalb der privaten Räumlichkeiten von Angestellten und/oder Lieferanten gedacht sind, die geplante Benutzer der Arbeitsplätze sind, und dass die Verwendung auch sonst den folgenden hier aufgeführten Bedingungen entspricht: (a) die Anzahl der Lizenzen für private Teilnehmer liegt unter oder entspricht der Anzahl der Arbeitsplätze unter einer *knotengebundenen Lizenz* in Ihrer Installation; oder (b) die Anzahl der Lizenzen für private Teilnehmer liegt unter oder entspricht der doppelten Anzahl der Arbeitsplätze unter einer *freien Lizenz* in Ihrer Installation. Wenn Sie als akademische Einrichtung Software nutzen, die als „Preislich dem Bildungsbereich angepasst" oder als Edition/Version für Dozenten oder akademische Edition/Version gekennzeichnet ist, sind bei der Einrichtung angemeldete Studenten (Teilzeit oder Vollzeit) nicht zur privaten Nutzung berechtigt.

Für Sicherungs- oder Archivierungszwecke und zur Erleichterung des Vertriebs der Softwaredatenträger für den lizenzierten Gebrauch darf eine unbegrenzte Anzahl an Kopien der Softwaredatenträger erstellt werden. Es dürfen keine Kopien der Software oder der Dokumentation für andere als die oben genannten Zwecke angefertigt werden. Eine kommerzielle Vervielfältigung oder Weitergabe der Software ist ausdrücklich gesetzlich untersagt und kann zu zivil- und strafrechtlicher Verfolgung führen.

Die Software darf nicht zurückentwickelt, dekompiliert oder disassembliert werden, außer und nur soweit anwendbare Bestimmungen ungeachtet dieser Einschränkung dies ausdrücklich erlauben. Weder die DLL-Schnittstellenspezifikationen noch das HBK-Dateiformat oder andere vertrauliche Informationen und urheberrechtlich geschützte Materialien dürfen ohne die vorherige schriftliche Genehmigung durch Mathsoft für die Erstellung von Computerprogrammen oder anderen Materialien zum Zwecke des Verkaufs, des Wiederverkaufs, Lizenzierung oder der bezahlten persönlichen oder kommerziellen Reproduktion bzw. des kommerziellen Vertriebs verwendet werden.

Sie sind berechtigt, Ihre Kopie der Software auf ein anderes Gerät zu übertragen, solange sich dieses Gerät unter Ihrer Kontrolle befindet. Nach der Übertragung müssen Sie die Software vollständig vom früheren Gerät entfernen. Wenn Sie die Partei sind, für die die Software ursprünglich lizenziert wurde, sind Sie berechtigt, diese Vereinbarung und die Software einmalig dauerhaft an einen anderen angegebenen Ansprechpartner zu übertragen; dies gilt unter der Voraussetzung, dass Sie keine Kopien der Software zurückbehalten und unter Angabe der Kontaktinformationen des Übertragungsempfängers eine schriftliche Erlaubnis von Mathsoft einholen. Diese Übertragung muss die gesamte Software umfassen, einschließlich aller Komponenten, der Datenträger und gedruckten Materialien, Updates und dieser Vereinbarung. Bei der Übertragung darf es sich nicht um eine indirekte Übertragung handeln, z. B. um eine Kommission. Vor der Übertragung muss der Endbenutzer, der die Software erhält, allen Bedingungen der Vereinbarung zustimmen.

Ihre Lizenz zur Nutzung der Software und der Dokumentation erlischt automatisch, wenn Sie die Bedingungen dieser Vereinbarung nicht einhalten. Sie erklären sich einverstanden, bei Beendigung der Lizenz alle in Ihrem Besitz befindlichen Kopien der Software zu zerstören/zu löschen und/oder zurückzugeben.

BESCHRÄNKTE GARANTIE

Mathsoft garantiert gegenüber dem ursprünglichen Lizenznehmer für einen Zeitraum von neunzig (90) Tagen ab Kaufdatum, dass die Medien, auf denen die Software aufgezeichnet ist, bei normaler Nutzung keinerlei Material- oder Verarbeitungsfehler aufweisen. Das Kaufdatum muss durch eine Kopie Ihrer Quittung oder eines entsprechenden Schriftstücks belegt werden. Die Haftung von Mathsoft gemäß dieser beschränkten Garantie beschränkt sich auf den Ersatz der defekten Medien bzw. des heruntergeladenen elektronischen Pakets. Wenn das Nichtfunktionieren der Medien oder des heruntergeladenen elektronischen Pakets auf einen Unfall, missbräuchliche Verwendung oder falsche Anwendung der Software zurückzuführen ist, ist Mathsoft nicht verpflichtet, gemäß dieser beschränkten Garantie Ersatz zu leisten.

DIE BESCHRÄNKTE GARANTIE SOWIE DAS RECHT AUF ERSATZ TRETEN AN DIE STELLE ALLER ANDEREN AUSDRÜCKLICHEN UND IMPLIZIERTEN GARANTIEN IN BEZUG AUF DIE SOFTWARE, DIE DOKUMENTATION, DATENTRÄGER, HERUNTERLADBARE ELEKTRONISCHE PAKETE UND DIESE LIZENZ, D. H., SIE VERZICHTEN HIERMIT AUF ALLE GARANTIEN, EINSCHLIESSLICH, ABER NICHT BESCHRÄNKT AUF GARANTIEN BEZÜGLICH DER MARKTGÄNGIGKEIT UND DER EIGNUNG FÜR EINEN BESTIMMTEN ZWECK. UNTER KEINEN UMSTÄNDEN IST MATHSOFT, INC. FÜR ZUFÄLLIG ENTSTANDENE SCHÄDEN UND FOLGESCHÄDEN HAFTBAR, HIERZU GEHÖREN U. A. DIE FOLGENDEN SCHÄDEN: AUSFALLZEITEN, EINKOMMENSVERLUSTE, DATENVERLUSTE ODER DATENVERFÄLSCHUNGEN SOWIE VERLUSTE VON DRITTEN, SELBST DANN, WENN MATHSOFT ÜBER DIE MÖGLICHKEIT SOLCHER VERLUSTE UNTERRICHTET WORDEN IST. MÜNDLICHE

ODER SCHRIFTLICHE INFORMATIONEN ODER RATSCHLÄGE, DIE VON MATHSOFT, SEINEN MITARBEITERN, DISTRIBUTOREN, WIEDERVERKÄUFERN ODER VERTRETERN ERTEILT WERDEN, ERWEITERN DEN UMFANG DER OBEN GENANNTEN GARANTIEN NICHT UND ERZEUGEN KEINE NEUEN GARANTIEN; ALLE ANDEREN GESETZLICHEN ODER VERTRAGLICHEN GARANTIEN WERDEN ABGELEHNT UND AUSGESCHLOSSEN. Diese Garantie gibt Ihnen bestimmte Rechte, die sich von Bundesstaat zu Bundesstaat unterscheiden können. In einigen Bundesstaaten ist das Ausschließen der Haftung für Folgeschäden nicht zulässig, so dass die obigen Einschränkungen möglicherweise keine Geltung für Sie haben.

Mathsoft weist Sie hiermit ausdrücklich darauf hin, dass es aufgrund der Komplexität der Software möglich ist, dass durch die Verwendung der Software unabsichtlich Daten verloren gehen oder beschädigt werden können. Sämtliche Risiken eines solchen Datenverlusts oder einer solchen Datenbeschädigung liegen bei Ihnen; die in dieser Vereinbarung gewährten Garantien umfassen Beschädigungen oder Verluste dieser Art nicht. Die Mathsoft-Lizenzgeber übernehmen keinerlei Garantie und Haftung für die Software und verpflichten sich nicht, Unterstützung oder Informationen zur Software zu erteilen. IN KEINEM FALL ÜBERSTEIGT DIE HAFTUNG VON MATHSOFT DIE VON IHNEN AN MATHSOFT GEZAHLTE LIZENZGEBÜHR.

Mathsoft erklärt und garantiert, dass Mathsoft das Eigentumsrecht besitzt und alleiniger Eigentümer der Software und Dokumentation ist und berechtigt ist, die Verwendung der Software und Dokumentation gemäß dieser Vereinbarung zu gewähren. Mathsoft erklärt sich einverstanden, Benutzer der Software auf eigene Rechnung zu entschädigen, zu schützen und schadlos zu halten gegenüber sämtlichen Verlusten, Verbindlichkeiten, Schäden, Kosten und Ausgaben, die Benutzern entstanden sind oder gegen sie im Zuge einer Klage, dass der Besitz, die Lizenz oder die Verwendung der Software gemäß der Vereinbarung gegen US-amerikanische Urheberrechtsbestimmungen oder Patentrechte einer dritten Partei verstoßen, geltend gemacht werden, vorausgesetzt, die Benutzer informieren Mathsoft umgehend über sämtliche Klagen, über die sie Kenntnis haben, ohne Zugeständnisse, welcher Art auch immer, bezüglich der Haftbarkeit oder eines Vergleichs zu machen oder die Zustimmung zu einer Einigung oder einer Klage, welcher Art auch immer, ohne die vorherige schriftliche Zustimmung von Mathsoft zu geben, und gewähren Mathsoft das ausschließliche Recht, solche Klagen zu führen und beizulegen.

Die Verwendung, Vervielfältigung oder Veröffentlichung durch die US-Regierung unterliegt den Beschränkungen unter (c)(1)(ii) des Abschnitts „The Rights in Technical Data and Computer Software" in DFARS 252.227-7013 bzw. unter (c)(i) und (2) des Abschnitts „Commercial Computer Software – Restricted Rights" in 48 CFR 52.227-19, falls anwendbar.

Sie erkennen an, dass die hiermit erworbene Software und Dokumentation den Ausfuhrgesetzen und -bestimmungen der USA sowie deren Änderungen und Ergänzungen unterliegen. Sie bestätigen, dass Sie die Software und die Dokumentation nicht unmittelbar oder mittelbar in folgende Länder exportieren oder reexportieren oder folgenden Endbenutzern durch Export oder Reexport zukommen lassen: (i) Länder, die US-Ausführbeschränkungen unterliegen; sie gelten zur Zeit unter den „Export Administration Regulations" (EAR) und nach dem „Office of Foreign Assets Control" (OFAC) für Kuba, Iran, Irak, Libyen, Nordkorea, Syrien und Sudan, sind aber nicht unbedingt auf diese Länder beschränkt; (ii) Endbenutzer, von denen Sie wissen oder bei denen Sie Grund zur Annahme haben, dass sie sie für den Entwurf, die Entwicklung oder die Produktion von nuklearen, chemischen oder biologischen Waffen nutzen werden; oder (iii) Endbenutzer, denen von einer US-Regierungsbehörde die Teilnahme an US-Ausfuhrtransaktionen untersagt wurde; darunter fallen zur Zeit nach den EAR Benutzer in der „Denied Persons List" und nach dem OFAC Benutzer in der „Specifically Designated Nationals List". Aktuelle Einschränkungen und entsprechende Links, die Ihnen helfen, diesen Teil der Vereinbarung zu erfüllen, finden Sie unter www.mathsoft.com/license. Des Weiteren erkennen Sie an, dass die Software technische Angaben enthalten kann, die den Export- und Reexport-Beschränkungen der US-Gesetze unterliegen.

Die Lizenzvereinbarung unterliegt den Gesetzen des US-Bundesstaates Delaware und soll Mathsoft, seinen Nachfolgern, Vertretern und Rechtsnachfolgern zugute kommen. Des Weiteren billigen Sie die Gerichtsbarkeit und die Zuständigkeit der Staats- und Bundesgerichte des US-Bundesstaates Delaware. Wenn Mathsoft oder Sie Rechtsanwälte zur Durchsetzung von aus dieser Vereinbarung erwachsenden Rechten oder im Zusammenhang mit dieser Vereinbarung engagieren, ist die obsiegende Partei berechtigt, angemessene Anwaltsgebühren einzufordern.

Diese Vereinbarung, einschließlich aller Nachträge oder Ergänzungsvereinbarungen zu dieser Vereinbarung, stellt die gesamte Vereinbarung zwischen Ihnen und Mathsoft in Bezug auf die Software dar und ersetzt alle vorherigen oder gleichzeitigen mündlichen bzw. schriftlichen Mitteilungen, Angebote und Darstellungen hinsichtlich der Software oder anderer Aspekte, die Gegenstand dieser Vereinbarung sind. Sollten die Bedingungen anderer Mathsoft-Richtlinien oder -Supportprogramme zu den Bedingungen dieser Lizenzvereinbarung im Widerspruch stehen, gelten die Bedingungen dieser Lizenzvereinbarung. Wenn entschieden wird, dass eine Bedingung dieser Vereinbarung nichtig, ungültig, uneinklagbar oder rechtswidrig ist, bleiben die anderen Bedingungen vollständig wirksam.

Wenn Sie Fragen zu dieser Vereinbarung haben oder sich aus irgendeinem Grund an Mathsoft wenden möchten, nutzen Sie die dieser Software beiliegenden Adressinformationen, um sich mit Ihrer nationalen Mathsoft-Niederlassung bzw. Ihrem nationalen Distributor in Verbindung zu setzen. Sie können auch Mathsoft im World Wide Web unter www.mathsoft.com besuchen.